EINFÜHRUNG IN DIE VERERBUNGSLEHRE

VON

DR. FELIX MAINX
A. O. PROFESSOR AN DER UNIVERSITÄT WIEN

MIT 30 TEXTABBILDUNGEN

WIEN

SPRINGER-VERLAG

1948

ISBN 978-3-211-80061-4   ISBN 978-3-7091-7717-4 (eBook)
DOI 10.1007/978-3-7091-7717-4

Alle Rechte, insbesondere das der Übersetzung
in fremde Sprachen, vorbehalten
Softcover reprint of the hardcover 1st edition 1948

Vorwort.

Dieses Buch ist als Einführung für Studierende der Biologie und der Medizin gedacht und soll einem augenblicklichen Bedürfnis entsprechen. Es soll jedoch keineswegs ein Lehrbuch der Vererbungslehre ersetzen. Dem einführenden Charakter entsprechend wurde auf die Angabe von Literaturquellen und daher auf das Zitat von Autoren fast ganz verzichtet. Aus dem gleichen Grund wurden die Gebiete der angewandten Genetik in Pflanzen- und Tierzucht gar nicht berücksichtigt und die Humangenetik nur insofern, als sie uns eine Bereicherung allgemein genetischer Anschauungen vermittelt. Eine kurze Erklärung der häufigsten Fachausdrücke soll dem Anfänger die Lektüre erleichtern.

Die Originalphotographie, die dem Mendel-Bild als Vorlage diente, verdanke ich der Freundlichkeit von Herrn Hofrat Prof. E. Tschermak-Seysenegg. Die Vorlagen für die Abbildungen zeichnete Herr Camillo Nossian.

Wien, im September 1948.

Der Verfasser.

Inhaltsverzeichnis.

	Seite
Einleitung	1
Was wird vererbt?	2
Wie wird vererbt?	16
Die Chromosomen als Träger der Erbmasse	38
Das Gen	55
Die Mutation	74
Das Genom und die Wirkungsweise der Gene	92
Vererbungslehre und Abstammungslehre	108
Die Vererbung beim Menschen	128
Erklärung von Fachausdrücken	139
Literaturverzeichnis	147

Einleitung.

Der Begriff der „Vererbung" im Reiche des Organischen stammt bereits aus dem vorwissenschaftlichen Denken. So wie äußerer Besitz von den Eltern auf die Kinder durch das Erbrecht übertragen wird, so treten besondere Eigentümlichkeiten der Vorfahren bei den Nachkommen wieder auf. Der geschärfte Jägerblick des Urmenschen ließ ihn nicht nur verschiedene Tierarten unterscheiden, sondern auch individuelle Eigentümlichkeiten. Der Hirte und Ackerbauer war von Urzeiten her praktischer Züchter, indem er Individuen mit besonderen, ihm zusagenden Eigenschaften zur Fortzucht auswählte, ausgehend von der erfahrungsgemäßen Voraussetzung der Erblichkeit dieser Merkmale. Andererseits lehrte jede Naturbetrachtung, wie sehr äußere Einflüsse, Umweltbedingungen aller Art, die Eigenschaften von Tier und Pflanze zu modifizieren vermögen. Mußten nicht auch siderische Einflüsse und magische Wirkungen aller Art wirksam sein? Wir lesen in der Bibel, daß Jakob die Herden Labans sich an geringelten Weidenästen „versehen" ließ, damit sie die ihm zugesprochenen gescheckten Jungtiere in größerer Zahl zur Welt brächten. Sind die Eigenschaften der Tiere schon im Ei festgelegt und ist die Entwicklung nur eine Entfaltung eines schon vollkommen präformierten „Mikrokosmos" oder bestimmen die äußeren Einflüsse während der Entwicklung die Eigenschaften der Organismen? Aus der vorwissenschaftlichen Zeit zieht die Frage „Präformation oder Epigenese" wie ein roter Faden bis in die kritischen Diskussionen der neuesten Zeit als eine Alternative, die erst die Fortschritte der experimentellen Biologie in eine fruchtbare Synthese aufzulösen vermochten.

Aristoteles und mit ihm das ganze Mittelalter glaubten an die Möglichkeit der Umwandlung der verschiedensten Tier- und Pflanzenarten ineinander, an die Entstehung von Würmern aus faulenden Stoffen und von Fröschen aus dem Schlamm, was angesichts der mangelhaften Untersuchungsmethoden gar nicht verwunderlich ist. Bietet doch die Natur tatsächlich Beispiele der erstaunlichsten Metamorphosen. Die Begründung der wissenschaftlichen Systematik im 17. u. 18. Jahrhundert führte zur Anschauung von der Konstanz der Arten, die bei *Linné* und *Cuvier* ihren klassischen Ausdruck fand: sunt tot species, quot creatae sunt ab initio mundi. *Lamarcks* Abstammungsgedanke nahm die Veränderlichkeit der Art an und *Darwins* Lehre von der Artbildung durch Summation erblicher Abweichungen richtete die Aufmerksamkeit der Biologen auf die Vererbungsfrage. Die Häufung von kritisch gesichtetem Beobachtungsmaterial, das Aufblühen der experimentellen Richtungen in der Biologie führte auf den verschiedensten Wegen immer wieder zu der einen großen Kernfrage:

Was wird vererbt?

Die **natürliche Variabilität** zeigt sich bei der Betrachtung einer jeden unter natürlichen Verhältnissen lebenden Tier- oder Pflanzenart in mehr oder weniger starken individuellen Schwankungen in der Ausbildung der verschiedensten Eigenschaften, in kleinen und größeren Abweichungen von einem idealisierten Grundtypus, den wir zur kurzen Charakterisierung der Art zu beschreiben pflegen. Diese Variabilität innerhalb des Artbildes zeigt meist allmähliche Übergänge zwischen dem individuellen Ausprägungsgrad der verschiedenen quantitativ oder qualitativ beschreibbaren Eigenschaften (kontinuierliche Variabilität). Nur selten treten einzelne Individuen auf, die in bestimmten Besonderheiten diskontinuierlich von anderen sich unterscheiden. Wenn die betrachtete variable Eigenschaft in zählbaren Einheiten auszudrücken ist,

Natürliche Variabilität.

erfassen wir sie als diskrete Varianten, z. B. die Anzahl der Flossenstrahlen bei einem Fisch. Handelt es sich um Eigenschaften, die nur durch Messung, Wägung oder Schätzung zu beschreiben sind, dann müssen wir uns auf einen bestimmten Maßstab, auf eine zweckmäßige Grenze der Meßgenauigkeit oder auf eine Skala von Standardtypen einigen, um auf diese Weise künstlich Klassenvarianten zu schaffen, z. B. Körpergröße, Gewicht, Färbungen, Zeichnungsmuster. Die wissenschaftliche Behandlung des Variationsgeschehens erfolgt mittels der Methoden der **Variationsstatistik,** die für die mannigfachsten biologischen Fragen von größtem Wert sind und für deren Studium auf einschlägige Werke verwiesen werden muß. Wenn man ein größeres biologisches Material auf seine Variabilität in einem bestimmten Merkmal untersucht, wird die Anzahl der Vertreter einer jeden Merkmalsklasse festgestellt und diese Zahlen in einer Variationsreihe angeordnet. Als Beispiel für eine diskrete Variante sei die Anzahl der Kelchblätter für 1000 Blüten von *Ranunculus repens* angeführt:

Blätteranzahl	3	4	5	6	7
bei Individuen	1	20	959	18	2

Für eine Klassenvariante die Schädellänge von 775 altägyptischen Männerschädeln:

Länge in cm	16,5	17	17,5	18	18,5	19	19,5	20	20,5
Zahl der Schädel	1	6	49	131	242	215	99	27	5

Derartige Variationsreihen zeigen meist einen charakteristischen Aufbau. Die größten Zahlen stehen in der Mitte und nach beiden Seiten nimmt die Anzahl der Individuen in ungefähr symmetrischer Form ab *(Quetelet*sches Gesetz). Eine ideale Zahlenreihe dieser Art erhalten wir durch Anordnung der Koeffizienten des potenzierten Binoms (a + b) nach fallenden Potenzen von a und steigenden von b. Zur Aufstellung einer solchen Zahlenreihe können wir a und b gleich 1 setzen und im sogenannten *Pascal*schen Dreieck feststellen, daß jede Zahl einer späteren Reihe sich aus der Summe zweier Zahlen der früheren Reihe ergibt, wenn wir die Reihen jeweils an beiden Enden um 1 erweitern.

$(a + b)^1$ $1 + 1$
$(a + b)^2$ $1 + 2 + 1$
$(a + b)^3$ $1 + 3 + 3 + 1$
$(a + b)^4$ $1 + 4 + 6 + 4 + 1$
$(a + b)^{10}$ $1 + 10 + 45 + 120 + 210 + 252 + 210 + 120 + 45 + 10 + 1$

Man kann das Variationsgeschehen auch graphisch darstellen in Form der Variations- oder Frequenzkurve. Bei diskreten Varianten ist dies zunächst nur in Form einer

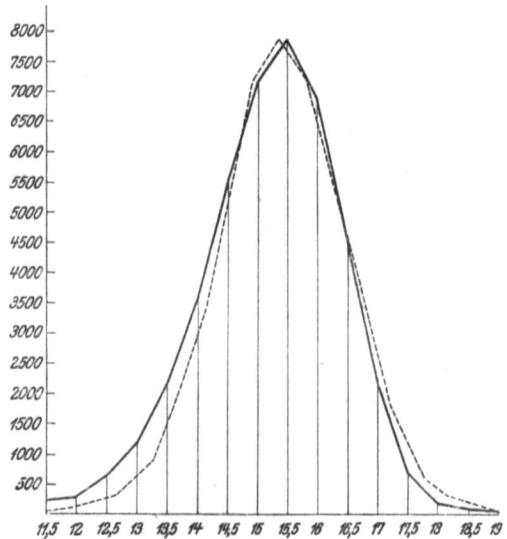

Abb. 1. **Variationskurve** (ausgezogen) des Zuckergehaltes von 40 000 Zuckerrüben. Auf der Abszisse der Zuckergehalt in %, auf der Ordinate die Zahl der Rüben. Die unterbrochene Linie entspricht einer idealen Binomialkurve. Nach *de Vries*.

Treppenkurve möglich, bei Klassenvarianten dagegen, die in Wirklichkeit durch kontinuierliche Übergänge im Ausbildungsgrad des Merkmals verbunden sind, sind wir berechtigt, ohne weiteres eine kontinuierliche Kurve zu zeichnen, die im Idealfall die Form einer Binomialkurve haben wird

(Abb. 1). Im Idealfall einer Binomialkurve entspricht der Kurvengipfel (Modalwert) dem Mittelwert der Variabilität. Die Abweichungen nach unten werden als Minusvarianten, die nach oben als Plusvarianten bezeichnet. Der Mittelwert M wird berechnet $M = \frac{\Sigma p \cdot V}{n}$, wobei V die Klassenbezeichnung, p die Zahl der Individuen in jeder Klasse und n die Gesamtzahl der Individuen ist. Also für unser Beispiel der Kelchblattanzahl (S. 3):

1.3 3
20.4 80
959.5 4795
18.6 108
2.7 14
Σ = 5000

$$\frac{\Sigma}{n} = \frac{5000}{1000} = 5$$

M ist eine benannte Zahl, hier 5 Kelchblätter, und M stimmt infolge der idealen Symmetrie der Variationsreihe hier tatsächlich mit dem Kurvengipfel vollkommen überein. Für unser Beispiel der Schädellängen (S. 3) beträgt M 18,67 cm, ist also gegenüber dem Kurvengipfel gegen die Plusvarianten verschoben. Zur Charakterisierung des Variationsgeschehens dient die Berechnung der Standardabweichung oder Streuung

$\sigma = \pm \sqrt{\frac{\Sigma p \cdot a^2}{n}}$, wobei a die Differenz der einzelnen Größenklassen vom Mittelwert, p die Anzahl der Individuen in dieser Klasse und n die Gesamtzahl aller Individuen ist. Die Berechnung für unser Beispiel der Kelchblätter ergibt:

1.4 4
20.1 20
959.0 0
18.1 18
2.4 8
Σ = 50

$$\frac{\Sigma}{n} = \frac{50}{1000} = 0{,}05$$

$\sigma = \pm \sqrt{0{,}05} = \pm 0{,}224$ Kelchblätter.

Die Streuung ist hier sehr gering, da nur relativ wenige Individuen und diese nur in geringem Grad vom Mittelwert abweichen. In unserem Beispiel der Schädellängen wäre σ deutlich größer. Wenn σ = 0 ist, dann besteht überhaupt

Was wird vererbt?

keine Variabilität. Im Extremfall kann σ gleich der größten vorhandenen Abweichung vom Mittelwert sein, dann sind alle Größenklassen gleich stark vertreten.

Bei allen aus Zählungen, Messungen und Beobachtungen an einem größeren Material gewonnenen Resultaten statistischer Natur ist es nötig, sich darüber klar zu werden, inwieweit diese Resultate eine zuverlässige statistische Bedeutung haben oder nur Zufallsergebnisse sind. Darüber belehrt uns

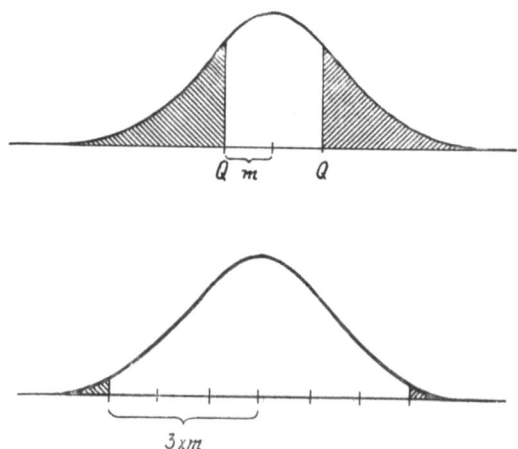

Abb. 2. Ideale Binomialkurve. Q = Quartilgrenzen. m = wahrscheinlicher mittlerer Fehler. Nach *Pearl*.

die Berechnung des wahrscheinlichen Fehlers. Die Berechnung des wahrscheinlichen mittleren Fehlers m für einen Mittelwert M erfolgt nach der Formel $m = \frac{\sigma}{\sqrt{n}}$. Seine Bedeutung erhellt aus folgender Überlegung: man kann die Fläche, die von einer Binomialkurve eingeschlossen wird, durch zwei senkrechte Gerade, die Quartilgrenzen, so abteilen, daß der Flächeninhalt des mittleren Feldes gleich ist der Summe der beiden seitlichen Felder (Abb. 2). Für jede einzelne Variante ist dann die Wahrscheinlichkeit gleich groß, daß sie innerhalb oder außerhalb der Quartilgrenzen liegt.

Durch die Einsetzung der Mittelwertsgrenze entstehen unterhalb und oberhalb des Mittelwertes je zwei Flächen und es ist für jede Minus- und für jede Plusvariante die Wahrscheinlichkeit gleich groß, daß sie links oder rechts der Quartilgrenze in einer dieser beiden Viertel der Gesamtfläche liegt. Es ist klar, daß sich in der Lage der Quartilgrenzen alle wesentlichen Faktoren widerspiegeln, die in der Konstruktion der Kurve und damit in der Eigenart des Variationsgeschehens begründet sind. Die Strecke auf der Abszisse zwischen dem Mittelwert und der oberen, bzw. unteren Quartilgrenze entspricht nun dem einfachen mittleren Fehler m. Tragen wir diese Strecke dreimal nach unten und oben vom Mittelwert auf, so zeigt es sich, daß nur ein sehr geringer Teil der Kurvenfläche außerhalb dieser Grenzen liegt (Abb. 2). Es ist also sehr unwahrscheinlich, daß durch Zufall eine Abweichung zustande kommt, die den dreifachen mittleren Fehler übersteigt. Wir schreiben den Mittelwert M ± m und sehen ihn als um so besser statistisch gesichert an, je unwahrscheinlicher es ist, daß eine beliebige Variante weiter als 3 m von ihm entfernt liegt, also je kleiner m ist. Dies wird, wie aus der Formel erhellt, dann der Fall sein, wenn σ klein ist, also die Variationsbreite gering, und wenn n sehr groß ist, also sehr viele Messungen vorgenommen worden sind.

Ein Unterschied zwischen zwei zu vergleichenden Mittelwerten wird statistisch gesichert durch Berechnung des mittleren Fehlers dieser Differenz aus den mittleren Fehlern der Mittelwerte durch mDiff $= \pm \sqrt{m_1^2 + m_2^2}$. Wenn wir z. B. für die Pulsfrequenz von 150 Menschen pro Minute den Mittelwert 79,68 ± 0,15 festgestellt haben und nach der Verabreichung eines bestimmten Medikaments bei den gleichen Personen einen Mittelwert von 81,12 ± 0,20 finden, so erhebt sich die Frage, ob diese Differenz von 1,44 auf der Wirkung des Medikaments oder nur auf dem Zufall beruht. Nach der obigen Formel ist mDiff $= \pm \sqrt{0,15^2 + 0,20^2} = \pm 0,25$. Die Differenz ist größer als 3 × 0,25, damit statistisch gesichert und als beweisend für die Wirksamkeit des Medikaments anzusehen.

Binomialkurven können von verschiedenem Typus sein, so wäre z. B. eine nach unserem Beispiel der Kelchblätter (S. 3) entworfene Kurve viel steiler gebaut, mit viel schärferem Abfall nach beiden Seiten (exzessive Kurve), als eine nach dem Beispiel der Schädellängen (S. 3) gezeichnete Kurve. Andererseits erhält man bei der Verarbeitung von biologischem Material manchmal Variationskurven, deren Symmetrie stark gestört ist, ja die sogar einseitig sind, so daß sich die Variabilität vom Kurvengipfel nur nach der Plus- oder Minusseite erstreckt. Für die mathematische Behandlung solcher Kurven wird die Schiefheitsziffer S und der Exzeß E berechnet, die uns eine genaue Beschreibung des vorliegenden Variationsgeschehens gestatten, auf deren Ableitung aber hier verzichtet werden muß. Endlich können auch zwei oder mehrgipfelige Variationskurven vorkommen. Eine biologische Analyse des Falles ist oft imstande, dafür eine einfache Erklärung zu geben. So ergibt eine Messung der Flügellängen von Nonnenfaltern eine zweigipfelige Kurve, da infolge des Geschlechtsdimorphismus die weiblichen und männlichen Falter verschieden groß sind, ihre häufigsten Längenwerte die beiden Kurvengipfel ergeben, während sich im Kurvental zwischen ihnen die Plusvarianten der Männchen mit den Minusvarianten der Weibchen überschneiden. Eine zweigipfelige Kurve für die Stirnbreite des Krebses *Carcinus maenas* von einem bestimmten Standort war kein Anzeichen für das Vorliegen von zwei Rassen, sondern beruhte auf dem teilweisen Befall mit dem parasitischen Cirriped *Sacculina*.

Die verschiedensten biologischen Fragen lassen sich variationsstatistisch bearbeiten und diese zunächst rein deskriptive Arbeit ist von größtem Wert für die Erhebung exakter Feststellungen und für ihre mathematische Sicherung. Zu dieser Vorbereitung des Materials muß allerdings jeweils die biologische Analyse mit ihren eigenen Methoden hinzutre-

Natürliche Variabilität. 9

ten. Vielfach ist es von Interesse, zwei oder mehrere Variationsreihen zueinander in Beziehung zu setzen, um die Abhängigkeit oder Unabhängigkeit des Variationsgeschehens in den verschiedenen Eigenschaften zu erfassen. Dazu dient die Berechnung der Korrelation. Eine Veranschaulichung dieser Beziehung kann in einer Korrelationstabelle gegeben werden, in der zwei zu untersuchende Variationsreihen kombiniert werden (Abb. 3).

Längengrade rechts	Längengrade links											
	39,5	40,5	41,5	42,5	43,5	44,5	45,5	46,5	47,5	48,5	49,5	50,5
40,5	8	30	10									
41,5		52	48	14								
42,5		16	68	84	18	6						
43,5			14	128	155	29	4					
44,5			4	4	28	142	181	33				
45,5				4	39	181	146	28	4			
46,5					6	21	114	165	22			
47,5						2	9	98	71	14	4	
48,5								13	54	48	11	
49,5									1	26	7	4

Abb. 3. Korrelationstabelle der Länge der proximalen Glieder des rechten und des linken Zeigefingers. In der Tabelle die Anzahl der Individuen. Es zeigt sich positive Korrelation. (Nach *Duncker* aus *Goldschmidt*.)

Die positive Korrelation drückt sich bereits in der Anordnung der Zahlen in der Diagonale der Tabelle aus. Bei negativer Korrelation wären die Zahlen in der anderen Diagonale angeordnet, bei fehlender Korrelation, d. h. völlig unabhängiger Variation, würden wir die größten Zahlen in der

Mitte finden und die anderen nach allen Seiten abfallend um sie angeordnet. Der mathematische Ausdruck der Korrelation ist der Korrelationskoeffizient $r = \dfrac{\Sigma\, \alpha_x \cdot \alpha_y}{n \cdot \sigma_x \cdot \sigma_y}$, wobei für jedes Individuum die Abweichung α vom Mittelwert in der einen (x) und der andern (y) Eigenschaft berechnet und daraus ein Produkt gebildet werden muß, während σ_x und σ_y die Standardabweichungen der beiden Variationsreihen und n die Gesamtzahl der Individuen ist. Für r erhält man Werte zwischen $+1$ und -1. Es bedeutet $+1$ strenge positive Korrelation, 0 fehlende Korrelation, -1 strenge negative Korrelation und die dazwischen liegenden Werte mehr oder weniger starke positive oder negative Korrelation.

Ein weiteres Beispiel möge die Brauchbarkeit der statistischen Bearbeitung biologischer Fragen erläutern. Die an bestimmten Orten periodisch auftretenden Heringsschwärme wurden in bezug auf mehrere unabhängig variierende Merkmale wie Wirbelzahl, Längenbreitenindex des Schädels, Kielschuppenzahl usw. statistisch erfaßt. Für jeden Standort ergeben sich für diese verschiedenen Merkmale voneinander abweichende Mittelwerte, durch die man die Schwärme voneinander unterscheiden kann. Die Variationsbreiten überschneiden sich allerdings in allen Fällen. Wenn man ein einzelnes Individuum vorgelegt bekommt, kann man daher allein aus den absoluten Maßen der verschiedenen Eigenschaften nicht entscheiden, zu welcher Lokalrasse es gehört, da sie auf jeden Fall innerhalb der Variationsbreiten aller dieser Gruppen liegen. Mit großer Wahrscheinlichkeit kann man dies aber durch Anwendung des Gesetzes vom Minimum der Quadratsummen der Abweichungen vom Mittelwert entscheiden. Es ist nämlich nur sehr unwahrscheinlich, daß ein Individuum in a l l e n voneinander unabhängig variierenden Eigenschaften ein extremer Plus- oder Minusabweicher von den für seine Rasse charakteristischen Mittelwerten ist. Man berechnet also ausgehend von den festgestellten Maßen des Individuums für jede Rasse getrennt die Abweichungen von den Mittelwerten und kann mit großer Sicherheit das Individuum derjenigen Rasse zuordnen, auf deren Mittelwerte bezogen die Quadratsumme aller Abweichungen ein Minimum ist. Damit ist natürlich noch keine Antwort darauf gegeben, ob diese Eigenschaften erblich sind und wie sie vererbt werden.

Variationsstatistik und Vererbungslehre wurden von der englischen biometrischen Schule des 19. Jahrhunderts, besonders von ihrem hervorragendsten Vertreter *F. Galton,* in engen Zusammenhang gebracht und es wurde versucht, verschiedene Probleme der Vererbung auf rein statistischem Wege zu lösen. Die berechtigte Kritik des dänischen Genetikers *W. Johannsen* führte zur Abkehr von dieser einseitigen Betrachtungsweise. Er zeigte, daß aus der rein statistischen Betrachtung ohne gleichzeitige biologische Analyse noch keine Antwort auf die Frage nach der erblichen Bedingtheit der Eigenschaften zu erwarten ist. Ein Weg zu einer solchen Analyse ist die alte Methode des Züchters, die Selektion. Wenn man aus einer größeren Menge von Bohnen, deren Samengewicht eine binomiale Variabilität zeigt, jeweils die schwersten und leichtesten auswählt und die daraus gezogenen Pflanzen durch Selbstbestäubung fortpflanzt, so zeigt es sich, daß in den folgenden Generationen Sorten isoliert werden können, deren Mittelwerte des Samengewichts voneinander und von dem des Ausgangsmaterials in bestimmter Weise abweichen. Diese Selektion ist allerdings nur bis zu einem gewissen Grad von Erfolg begleitet. Bald kommt man zu Stämmen, in denen die Selektion der Plus- und Minusvarianten keine weitere Wirkung mehr hat, deren Mittelwert konstant bleibt, vorausgesetzt, daß die Pflanzen stets unter ganz gleichen Außenbedingungen gezogen werden. Solche Stämme heißen „reine Linien". Es ist also gelungen, das Ausgangsmaterial durch Selektion in mehrere reine Linien zu zerlegen, aus deren Mischung es offenbar bestanden hat und damit die scheinbar einheitliche Variationskurve des Ausgangsmaterials als eine Summationskurve mehrerer einander überschneidender Binomialkurven mit verschiedenen Mittelwerten und eventuell auch verschiedenen Variationsbreiten nachzuweisen. Dasselbe gelingt leicht bei Organismen mit rein vegetativer Vermehrung, z. B. einem Rohmaterial von *Paramaecium,* aus dem man durch Auswahl verschiedener Größenklassen Klone mit verschieden großen Mittelwerten für die Körperlänge isolieren kann. Mehrgipfelige Variationskurven in einem Ausgangsmaterial lassen die Mischung aus mehreren reinen Linien meist von Anfang an als sicher erscheinen.

Da in reinen Linien eine Selektion extremer Varianten zu keiner Änderung des Variationsgeschehens bei den Nachkommen mehr führt, können wir annehmen, daß dieses Verhalten erblich fixiert ist und daß wir auf diese Weise zu erblich einheitlichen Stämmen gelangt sind. Ändert man im Versuch die äußeren Lebensbedingungen, wie Ernährung, Beleuchtung, Feuchtigkeit usw., so ändern sich auch bei reinen Linien die Mittelwerte und die Variationsbreite der verschiedensten variablen Eigenschaften, aber immer in für diese reinen Linien charakteristischer Weise. Die Tatsache der Variabilität vieler Eigenschaften in reinen Linien können wir damit in Zusammenhang bringen, daß auch in einer möglichst genau definierten Umgebung die einzelnen Individuen und ihre Teile durch Zufall verschiedenen Schwankungen in der Einwirkung der Umwelt unterworfen sind. Für das Gewicht, das eine Bohne erreicht, wird es sich fördernd auswirken, wenn sie an einem reich beblätterten, gut beleuchteten Ast, in einer einzeln stehenden, nur wenige Samen enthaltenden Frucht sich entwickelt, hemmend dagegen, wenn die gegenteiligen Bedingungen vorliegen. Die Verteilung dieser fördernden und hemmenden Alternativen und ihr Zusammenwirken ist nun zufallsmäßig bedingt, so daß nur selten durchwegs fördernde oder durchwegs hemmende Einflüsse auf eine Bohne einwirken, am häufigsten dagegen durch den Ausgleich fördernder und hemmender Einflüsse Mittelwerte zustande kommen werden. Variationskurven in

Modifikation, Phänotypus, Genotypus.

reinen Linien sind fast immer reine Binomialkurven, also „Zufallskurven". Solche „*Gaußsche*" Kurven sind der Ausdruck des Zusammentreffens mehr oder weniger wahrscheinlicher Einzelereignisse, wie sie zum Beispiel mit dem sogenannten *Galton*-Apparat veranschaulicht werden können. Diese in den bekannten „Tivoli"-Glückspielen verwendete Anordnung besteht aus einem schrägen, in regelmäßigen Abständen mehrreihig mit Nägeln besetzten Brett, über das Kugeln in darunter liegende Fächer laufen. Es ist nun am wahrscheinlichsten, daß eine Kugel auf dem Weg über das Nagelbrett durch den Anprall an die Nägel ebensooft nach rechts wie nach links abgelenkt wird und daher in einem der mittleren Fächer anlangt, dagegen am wenigsten wahrscheinlich, daß eine Kugel nur Ablenkungen nach rechts oder nur nach links erfährt. Dementsprechend finden wir zum Schluß die meisten Kugeln im mittleren Fach und das Niveau der angesammelten Kugeln fällt nach beiden Seiten ab, eine *Gaußsche* Kurve bildend. Im Variationsgeschehen reiner Linien äußern sich also „Zufallsgesetze", d. h. Vorgänge, deren Regelhaftigkeit nicht durch Einzelbefunde, sondern nur statistisch mit einem mathematisch bestimmbaren Grad von Genauigkeit definiert werden kann. Schon hier sei warnend darauf hingewiesen, daß man die relative Unbestimmtheit eines Einzelereignisses in einem statistisch bestimmbaren Geschehen nicht mit der „Unbestimmtheit" im atomaren Geschehen der modernen Physik verwechseln darf.

Modifikation, Phänotypus, Genotypus. Aus den vorstehenden Überlegungen ergeben sich einige äußerst wichtige und für unsere späteren Darlegungen wesentliche Begriffe. Die Eigenschaften der Organismen sind vielfach in der Art und im Grad ihrer Ausbildung von den Einwirkungen der Umwelt abhängig; diesen Einfluß nennen wir die Modifikation. Oft wird auch eine Form, die auf diese Weise zustande kommt, kurz als Modifikation bezeichnet. Das, was in reinen Linien erblich fixiert ist, ist eine bestimmte Art, auf die modifizierenden Einflüsse der Umwelt zu reagieren, eine Reaktionsnorm. Vererbt wird, streng genommen, niemals eine bestimmte Eigenschaft in einem bestimmten Grad der Ausprägung, sondern eine Reaktionsnorm. Es gibt allerdings auch manche erbliche Eigenschaften, die von der Umwelt kaum oder gar nicht beeinflußt werden können, z. B. die Augenfarbe bei Menschen. Die Gesamtheit der Eigenschaften, die wir an einem Individuum unmittelbar feststellen können, bezeichnen wir als seinen Phänotypus. Die Gesamtheit seiner erblich festgelegten Eigenschaften oder besser die gesamte in ihm erblich fixierte Reaktionsnorm nennen wir seinen Genotypus. Den Phänotypus eines Individuums können wir unmittelbar beschreiben, seinen Genotypus stets nur erschließen. Wir können diese Begriffe auch auf eine reine Linie oder Rasse anwenden, wenn wir unter Phänotypus ihr durchschnittliches Aussehen, unter Genotypus das ihren Angehörigen gemeinsame Erbgut verstehen. Unterschiede zwischen Individuen oder Gruppen sind nur phänotypisch, wenn sie auf modifizierende Umweltbedingungen zurückgehen, genotypisch, wenn sie auf Unterschieden im Erbgut beruhen.

Die Beziehungen zwischen Modifikation und Lebenslage beschäftigen viele Zweige der Biologie. Vielfach sehen wir in diesen Beziehungen eine „funktionelle Anpassung", so ist die relative Darmlänge von Kaulquappen in weitem Ausmaß modifizierbar, je nachdem ob man den Tieren Fleisch- oder Pflanzenkost verabreicht. Die Eigentümlichkeit des Axolotl, als kiemenatmende Larvenform geschlechtsreif zu werden, kann durch bestimmte Haltung abgeändert werden, so daß die Tiere ihre Metamorphose zu Lungenatmern vollenden und an Land gehen. Amphibische Pflanzen bilden ganz verschiedene Sproß- und Blattformen aus, je nachdem ob diese an Land oder unter Wasser heranwachsen. Die unter normalen Verhältnissen rot blühende *Primula sinensis* zeigt bei Warmhaustemperatur weiße Blüten. Wir sprechen in solchen Fällen von einer „alternativen Reaktionsnorm", wenn die beiden möglichen, durch Modifikation erzielbaren Alternativen nicht fließend durch Übergänge verbunden sind. Bei manchen getrennt geschlechtlichen Organismen wird auch das Geschlecht rein phänotypisch bestimmt im Sinne einer alternativen Reaktionsnorm. Beim Meereswurm *Bonellia* sind die Weibchen festsitzende, bis 20 cm große Tiere mit einem langen Rüssel, die Männchen dagegen nur 1 mm groß, stark vereinfacht gebaut und leben frei beweglich im Uterus erwachsener Weibchen. Die zunächst geschlechtlich indifferente frei schwimmende Larve wächst zu einem Weibchen heran, wenn sie kein Weibchen vorfindet. Wenn sie dagegen bis zu einem gewissen Alter Gelegenheit findet, sich an dem Rüssel eines Weibchens festzusetzen, wird sie zu einem typischen Männchen. In allen diesen Fällen sind die betrachteten, oft sehr extremen Unterschiede nicht erblich, sondern erblich festgelegt ist nur die bestimmte Reaktionsnorm.

Variationsstatistik und Vererbungsgesetz. Die biometrische Schule hat auch versucht, auf rein statistischem Wege zur Beantwortung der Frage vorzudringen, auf welche Weise die Vererbung erfolgt. Sie verwendete dazu die Berechnung der Korrelation des Variationsgeschehens in vermutlich erblichen Eigenschaften, die sich zwischen den Eltern und den Nachkommen in einer großen Zahl von Individuen ergibt. Diese Korrelationsberechnung ergab z. B. für die Körpergröße des Menschen, daß die Nachkommen extremer Plus- und Minusvarianten in ihren Mittelwerten einen Rückschlag gegen den Mittelwert der ganzen Variationsreihe zeigen, also nicht im gleichen, sondern in einem geringeren Maß Plus- oder Minusabweicher sind als ihre Eltern. *Galton* nannte diese Erscheinung die Regression und errechnete für sie eine bestimmte Verhältniszahl. Er sah in ihrer Größe den Ausdruck der „Last des Ahnenerbes", d. h. die Erbwirkung der Voreltern-Generationen, die zur unmittelbaren Erbwirkung der Eltern-Generation hinzutritt und diese in einem gewissen Maß abändert. Aus der Größe der Regression schätzte er die relative Erbwirkung der Vorfahren in der Weise ab, daß die Hälfte der Erbwirkung auf die Eltern zurückgehen sollte, die andere Hälfte auf die vorhergehenden Generationen, wobei sich die Erbwirkung in jeder Generation etwa um die Hälfte verringere. Diese Vorstellung kam ja auch den gewöhnlichen volkstümlichen Anschauungen entgegen, die von „Halbblut", von „Mischlingen 1. und 2. Grades" spricht und die Erbmasse als ein Kontinuum auffaßt, das beliebig mit anderen gemischt und dementsprechend verdünnt werden kann. Auf diese Weise konnte man niemals zu einer richtigen Anschauung von den dem Erbgeschehen zugrunde liegenden Vorgängen kommen, und wir werden im Verlauf unserer Darlegungen bald verstehen, daß man mit statistischen Methoden allein niemals die Gesetze der Vererbung selbst finden konnte, sondern höchstens in manchen Fällen die statistischen Konsequenzen dieser Gesetze. Ein anderer Weg mußte beschritten werden, um die Antwort auf die grundlegende Frage zu finden:

Wie wird vererbt?

Bastardanalyse. Die praktischen Züchter befaßten sich vielfach mit der planmäßigen Kreuzung erblich verschiedener Rassen, um neue Formen zu erzielen. Die dabei beobachteten Erscheinungen waren allerdings sehr verwirrend und schienen keinerlei durchgehende Gesetzlichkeit zu zeigen. Die großen Züchter *Kölreuter, Gärtner, Naudin, Wichura* und *Vilmorin* waren oft der richtigen Erkenntnis sehr nahe, ohne sie ganz zu erreichen. Die richtige Handhabung der bastardanalytischen Methoden erfordert die Verwendung erbfester, einheitlicher Stämme, möglichst reiner Linien, die Kontrolle einer sehr großen Anzahl von Individuen in jeder auf die Kreuzung solcher Stämme zurückgehenden Generation, die sorgfältige Registrierung, Beschreibung und Trennung aller in diesen Generationen vorkommenden Typen und die Feststellung ihres zahlenmäßigen Verhältnisses. Die richtige Verwendung dieser Methode besteht in einer zweckentsprechenden Verbindung von biologischer und statistischer Betrachtungsweise. Es war einem der größten Naturforscher aller Zeiten vorbehalten, diese Methode als erster

in vollendeter Form anzuwenden und aus den Ergebnissen eine Hypothese von höchstem heuristischen Wert und damit von weittragender Bedeutung aufzubauen: *Gregor Mendel.*
Gregor Mendel wurde 1822 als Sohn eines Bauern in Heinzendorf an der Nordgrenze Mährens geboren, das damals ein Kronland der österreichischen Monarchie war. Seine Heimat war das „Kuhländchen", das seit vielen Jahrhunderten von einer fleißigen und gut veranlagten deutschsprachigen Bauernbevölkerung besiedelt war. *Mendels* früh erwachte Anlagen veranlaßten seine Familie, ihn unter schwer erkämpften finanziellen Opfern das Gymnasium in Troppau und Olmütz besuchen zu lassen. 1843 trat *Mendel* in das Augustinerstift im Brünner Königinkloster ein, absolvierte das Studium der Theologie und ging nach kurzer Lehrtätigkeit in Znaim nach Wien, wo er 1851 — 1853 an der philosophischen Fakultät Naturwissenschaften studierte. Seine Lehrer waren u. a. der Physiker *Doppler*, der Chemiker *Redtenbach* und der Botaniker *Unger*. 1854 — 1868 wirkte *Mendel* an der deutschen Oberrealschule in Brünn als Lehrer der Naturgeschichte und Physik. In diese Jahre fällt seine intensive Beschäftigung mit Pflanzenkreuzungsversuchen, die er im Garten seines Klosters ausführte. Allein in seinen Versuchen mit Erbsen und Bohnen hat er über 10.000 Pflanzen kontrolliert, doch arbeitete er auch mit vielen anderen Pflanzenarten. Leider hat er seine Resultate nur zum geringsten Teil veröffentlicht und die Hauptmasse seiner Versuchsprotokolle ging verloren. Die kurze Veröffentlichung „Versuche über Pflanzenhybriden" erschien 1865 in den „Verhandlungen des Naturforschenden Vereins" in Brünn und ist in ihrer präzisen Ausdrucksform, in der klar durchdachten Planmäßigkeit und in der scharfsinnigen Art, die letzten theoretischen Konsequenzen aus den Versuchsergebnissen zu ziehen und zu einem heuristisch wertvollen Theoriengebäude auszubauen, noch heute die beste Einführung in das Studium der Vererbungslehre. Eine spätere Arbeit „Über einige aus künstlicher Befruchtung gewonnene Hieracium-Bastarde" erschien 1869 in der gleichen,

wenig verbreiteten Zeitschrift. 1868 wurde *Mendel* zum Abt seines Klosters gewählt und hatte von da an nur mehr wenig Zeit für seine naturwissenschaftliche Arbeit. Der allgemein beliebte und wegen seiner hervorragenden Charaktereigenschaften hochgeschätzte Prälat verzehrte seine Kräfte in der Arbeit für sein Kloster und im Kampf gegen ein dessen wirtschaftliche Existenz gefährdendes Gesetz, der die letzten Jahre seines Lebens bis zu seinem Tode im Jahre 1884 verdüsterte.

Die wissenschaftliche Bedeutung von *Mendels* Werk wurde von seinen Zeitgenossen nicht erkannt, auch nicht von dem großen Botaniker *Nägeli,* mit dem *Mendel* einen aufschlußreichen Briefwechsel führte, und seine Arbeiten gerieten vollkommen in Vergessenheit. Erst nach erheblichen Fortschritten auf anderen Gebieten der Biologie war die Zeit für ein Verständnis seines Werkes reif geworden. 1900 wurden die *Mendel*schen Regeln der Vererbung gleichzeitig und unabhängig voneinander von *Correns* in Tübingen, *de Vries* in Amsterdam und *E. Tschermak-Seysseneg* in Wien wiederentdeckt. Dies war die Geburtsstunde der modernen Genetik, die sich nun in rascher, folgerichtiger Entwicklung auf dem von *Mendel* erstmalig gezeigten Weg zu einer alle Gebiete der wissenschaftlichen und angewandten Biologie sowie der Medizin umfassenden Forschungsrichtung entfaltet hat.

Die Mendelschen Regeln der Vererbung. Monohybride Kreuzung. Richtig hatte *Mendel* erkannt, daß die bastardanalytische Methode nur dann klare Resultate ergibt, wenn man zunächst von der Kreuzung von Rassen ausgeht, die sich nur in einem oder wenigen erblichen Merkmalen voneinander unterscheiden. Kreuzt man, als P-Generation, eine Rasse von *Antirrhinum majus,* dem Gartenlöwenmaul, mit den für diese Art charakteristischen zygomorphen (bilateralsymmetrischen) Blüten mit einer Rasse mit nahezu radiären Blüten, so haben die Bastarde der nächsten Generation, der F_1-Generation, alle nur zygomorphe Blüten (Abb. 4). Das

Die Mendelschen Regeln der Vererbung. Monohybride Kreuzung. 19

Resultat ist das gleiche, ob wir die zygomorphe oder die radiäre Form in der P-Generation als Mutter oder als Vater wählen. Diese Uniformität der F_1-Generation gilt als die erste *Mendel*sche Regel. Die Eigenschaft, die im F_1-Bastard rein hervortritt, wird als die dominante bezeichnet, die verdeckte Eigenschaft, hier die radiäre Blütenform, als die rezessive. In manchen Fällen ist die Dominanz im F_1-Bastard nicht vollständig, so daß eine intermediäre Ausbildung des Merkmals

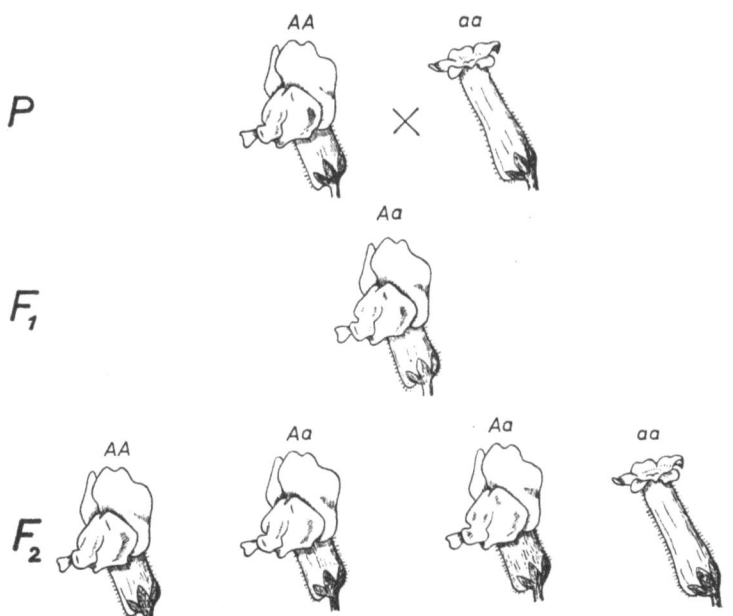

Abb. 4. Monohybride Kreuzung zwischen zwei Rassen des Gartenlöwenmauls, die sich in der Blütenform unterscheiden. Beispiel für Dominanz und Rezessivität.

zustande kommt (Abb. 5). In beiden Fällen liefert die Betrachtung der durch Selbstbestäubung der F_1-Pflanzen gewonnenen nächsten Generation, der F_2-Generation, den Beweis dafür, daß das rezessive Merkmal nicht verschwunden, sondern nur überdeckt war. In der F_2-Generation treten nämlich im Falle vollkommener Dominanz wieder beide

Ausgangstypen auf, bei unserem Löwenmaul Pflanzen mit der dominanten zygomorphen Blütenform und solche mit der rezessiven radiären Blütenform, und zwar im Zahlenverhältnis 3 : 1 (Abb. 4). In unserem Beispiel der Blütenform von *Phlox* finden wir die dominante, die intermediäre und die rezessive Blütenform im Zahlenverhältnis 1 : 2 : 1. Während hier die beiden herausgespaltenen Ausgangstypen bei Selbstbestäubung nur gleichartige Nachkommen liefern, spalten

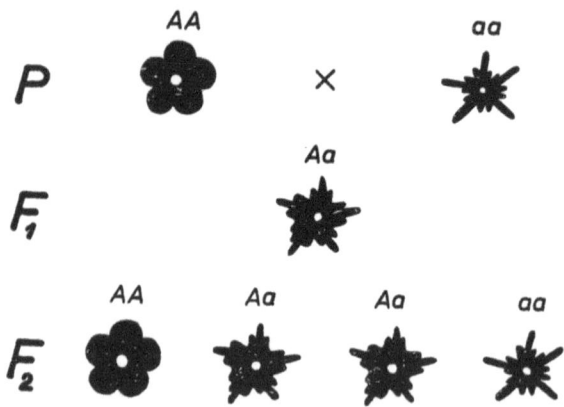

Abb. 5. Monohybride Kreuzung zwischen zwei Rassen von Phlox Drummondii mit verschiedener Blütenform. Beispiel für intermediäres Verhalten des Bastards. Nach *Kappert*.

die intermediären Formen in der F_3-Generation neuerlich 1 : 2 : 1. Bei vollkommener Dominanz zeigt es sich, daß von den $^3/_4$ dominanten der F_2-Generation nur $^1/_4$ das Merkmal reinerbig weitergeben, während $^2/_4$ in der F_3-Generation neuerlich 3 : 1 spalten. Diese $^2/_4$ entsprechen also den $^2/_4$ intermediären im *Phlox*-Beispiel. Dieses regelmäßige Verhalten in der F_2- und den folgenden Bastard-Generationen wird als die zweite *Mendel*sche Regel, die Spaltungsregel bezeichnet.

Mendel hat nun zur Erklärung dieser Vorgänge die folgende Hypothese begründet: Die erblichen Eigenschaften beruhen auf dem Vorhandensein von diskreten Einheiten, den

Die Mendelschen Regeln der Vererbung. Monohybride Kreuzung. 21

Erbanlagen oder Erbfaktoren, die in jeder Pflanze und jedem Tier stets paarweise vorhanden sind. In unserem Löwenmaulbeispiel können wir sie als A für die dominante, a für die rezessive Eigenschaft symbolisieren, die Kreuzung in der P-Generation also AA $\times$ aa anschreiben. Eigenschaften, die sich nach den *Mendel*schen Regeln verhalten, in der F_2-Generation also die *Mendel*sche Spaltung zeigen, bezeichnen wir als allelomorphe Eigenschaften oder Allele. Die Eigenschaften A und a sind ein Allelpaar. Bei der Geschlechtszellbildung werden die Erbfaktorenpaare getrennt und jede Geschlechtszelle oder Gamet erhält nur einen Partner des Paares. Die Pflanze AA bildet durchwegs Gameten mit A, die Pflanze aa solche mit a. Der F_1-Bastard hat daher die Konstitution Aa, er ist in diesem Erbfaktorenpaar heterozygot, während seine Eltern homozygot waren. Bei seiner Geschlechtszellbildung erhalten nun die Gameten, sowohl die weiblichen wie die männlichen, entweder A oder a, und zwar müssen gleichviel Gameten mit A wie mit a entstehen. Diese Forderung der Reinheit der Gameten ist von *Mendel* besonders klar herausgearbeitet worden. Unter den Gameten des F_1-Bastards gibt es nun vier verschiedene und gleich wahrscheinliche Kombinationsmöglichkeiten bei der Befruchtung: 1. AA, 2. Aa, 3. aA und 4. aa. Die zufällige Kombination der zwei Gametenklassen bei der Selbstung des heterozygoten F_1-Bastards ist also die Ursache für die Spaltungsregel, d. h. für die zahlenmäßige Regelhaftigkeit, mit der homozygote AA-, heterozygote Aa- und homozygote aa-Pflanzen an der Zusammensetzung der F_2-Generation beteiligt sind. Das Verhalten der weiteren Bastard-Generationen erklärt sich auf die gleiche Weise.

Bei vollkommener Dominanz gleichen die heterozygoten Aa-Pflanzen phänotypisch völlig den dominant-homozygoten AA-Pflanzen, sind aber genotypisch von ihnen verschieden. Wenn diese Annahme richtig ist, dann muß sie sich durch Rückkreuzung des F_1-Bastards mit den beiden homozygoten Elternformen beweisen lassen, ein Versuch, der auch schon von *Mendel* durchgeführt wurde. Die Rückkreuzung Aa × AA muß in gleichen Zahlenanteilen, also 1 : 1, die Genotypen AA und Aa ergeben, die einander phänotypisch gleichen, von denen aber die Aa-Pflanzen bei Selbstbestäubung 3 : 1 in zygomorphe und radiäre Blütenform spalten. Die Rückkreuzung Aa × aa muß im Verhältnis 1 : 1 zygomorphe Aa-Pflanzen und radiäre aa-Pflanzen ergeben. Diese Rückkreuzung mit der rezessiven Elternform ist also besonders gut geeignet, den heterozygoten Charakter eines Bastards aufzudecken und wird daher praktisch viel benützt.

Die Erbfaktoren-Hypothese *Mendels* arbeitet mit der Annahme der Reinheit der Gameten und mit der Annahme, daß die Spaltungszahlen in der F_2- und den folgenden Generationen durch die zufallsmäßige Kombination der vorliegenden Gameten bewirkt werden. Diese Zahlenverhältnisse sind also der Ausdruck einer Zufallsverteilung und unterliegen daher den für solche Ereignisse geltenden statistischen Gesetzen. Wir können uns dies in einem Modellversuch veranschaulichen, indem wir die gleiche Zahl schwarzer (A) und weißer (a) Kugeln in einem Sack vereinigen und nun nach gutem Durchmischen, ohne hinzusehen, je 2 Kugeln dem Sack entnehmen. In etwa der Hälfte der Fälle werden wir dabei eine schwarze und eine weiße Kugel in die Hand bekommen (Aa), in etwa $1/4$ der Fälle zwei schwarze (AA) und ebenso häufig zwei weiße (aa). Für jeden Griff in den Sack ist die Wahrscheinlichkeit, zwei schwarze Kugeln zu ergreifen, gleich groß wie die für zwei weiße und die Wahrscheinlichkeit eine schwarze und eine weiße zu ergreifen, ist doppelt so groß wie die für jede einfarbige Kombination. Mit Sicherheit können wir aber für keinen Griff in den Sack voraussagen, welche dieser drei Möglichkeiten realisiert werden wird. So ist auch bei der Aufspaltung in der F_2-Generation das Erbschicksal für die einzelne Pflanze keineswegs mit

Die Mendelschen Regeln der Vererbung. Monohybride Kreuzung. 23

Sicherheit vorauszusagen, nur die Wahrscheinlichkeit, mit der die drei verschiedenen Typen auftreten werden, können wir angeben und für eine große Zahl in ein statistisches Gesetz, eben die *Mendel*sche Spaltungsregel, fassen. Aus dieser Überlegung geht klar hervor, daß die Spaltungszahlen nur dann rein in Erscheinung treten werden, wenn die Gesamtzahl der Individuen in der F_2-Generation genügend groß ist, daß aber die Zahlenverhältnisse bei geringer Individuenzahl zufallsmäßig oft wesentlich von den theoretisch zu erwartenden Zahlenverhältnissen abweichen werden. Ist die Zahl der Nachkommen eines F_1-Individuums geringer als 3, dann ist es sogar ganz unmöglich, daß alle zu erwartenden Typen realisiert sind.

Mathematisch läßt sich durch Einführung einer geeigneten Fehlerberechnung angeben, in welchem Grad die tatsächlich beobachteten Spaltungszahlen zuverlässig sind, d. h. als beweisend für oder gegen die Übereinstimmung mit den theoretischen *Mendel*zahlen zu werten sind. Die Fehlerberechnung für den Fall vollkommener Dominanz, in dem in der F_2-Generation zwei phänotypisch unterscheidbare Typen auftreten, erfolgt nach der Formel $m = \pm \sqrt{\frac{a \cdot b}{n}}$, wobei a und b die tatsächliche Anzahl der beiden Typen und n die Gesamtzahl der Individuen ist. Man kann eine der beiden Alternativen auch als Prozentanteil der Gesamtzahl beschreiben und dementsprechend die Formel vereinfachen auf $m = \pm \sqrt{\frac{p \cdot (100-p)}{n}}$. Aus der Formel ist ersichtlich, daß die Größe des mittleren Fehlers mit steigendem n abnimmt und ebenso mit fallendem p.

Nun wollen wir einige Zahlen aus tatsächlichen Erbversuchen kennenlernen. *Mendel* arbeitete u. a. mit zwei Erbsenrassen, die sich in der Farbe der Kotyledonen unterscheiden, die eine hat gelbe, die andere grüne Samen, gelb ist dominant über grün. Die Aufspaltung in der F_2-Generation ergibt gelb : grün im Verhältnis 3 : 1. Seine Versuche wurden später öfters wiederholt. Die tatsächlichen Zahlen waren:

	n	gelb	grün	Verhältnis	m
Mendel 1865	8023	6022	2001	3,0024 : 0,9976	± 0,0193
Tschermak 1900	4770	3580	1190	3,0021 : 0,9979	± 0,0251
Winge 1924	25748	19195	6553	2,9820 : 1,0180	± 0,0125

In allen Fällen ist die Abweichung der tatsächlichen Ergebnisse vom idealen Zahlenverhältnis 3 : 1 viel kleiner als der dreifache mittlere Fehler, also nur zufallsbedingt und daher nicht beweisend gegen die Richtigkeit der Theorie.

In den bisherigen Beispielen haben wir die Voraussetzung gemacht, daß die Versuchspflanzen durch Selbstbestäubung fortgezüchtet werden und daß alle Typen in jeder Generation gleich stark vermehrt werden. Da dabei alle heterozygoten Aa in jeder Generation immer wieder spalten, die homozygoten dagegen nicht, muß sich der Zahlenanteil der verschiedenen Typen für die späteren Generationen nach dem folgenden Schema gestalten:

	AA		Aa		aa
F_2	1	:	2	:	1
F_3	3	:	2	:	3
F_4	7	:	2	:	7
F_5	15	:	2	:	15
F_n	$2^{n-1}-1$	:	2	:	$2^{n-1}-1$

Man hat daraus fälschlicher Weise auf ein „Streben nach Reinerhaltung der Rasse" geschlossen. Die hier gewählten Voraussetzungen sind jedoch in der Natur niemals und auch in den meisten Versuchen nicht gegeben. Bei allen getrenntgeschlechtlichen Organismen, bei den meisten zwitterigen Tieren und vielen zwitterigen Pflanzen läßt sich auch im Versuch die Selbstung nicht durchführen, sondern wir sind auf die Befruchtung zwischen verschiedenen Individuen angewiesen. In der Natur wird es überhaupt nur in den seltenen Fällen der streng autogamen Pflanzen zur Selbstung kommen, sonst wird es in der Regel vom Zufall abhängen, welche Individuen mit welchen innerhalb einer Generation zur Fortpflanzung kommen. Bei einer solchen rein zufallsmäßigen Paarung stehen in jeder Generation insgesamt von neuem die beiden Gametensorten A und a in gleicher Zahl zur Verfügung und es wird sich daher nach einmal eingetretener Kreuzung zwischen AA und aa das Zahlenverhältnis 1 : 2 : 1 für AA : Aa : aa als statistisches Gleichgewicht in allen folgenden Generationen erhalten.

Die Mendelschen Regeln. Polyhybride Kreuzung. In den bisherigen Beispielen wurden zur Kreuzung Rassen verwen-

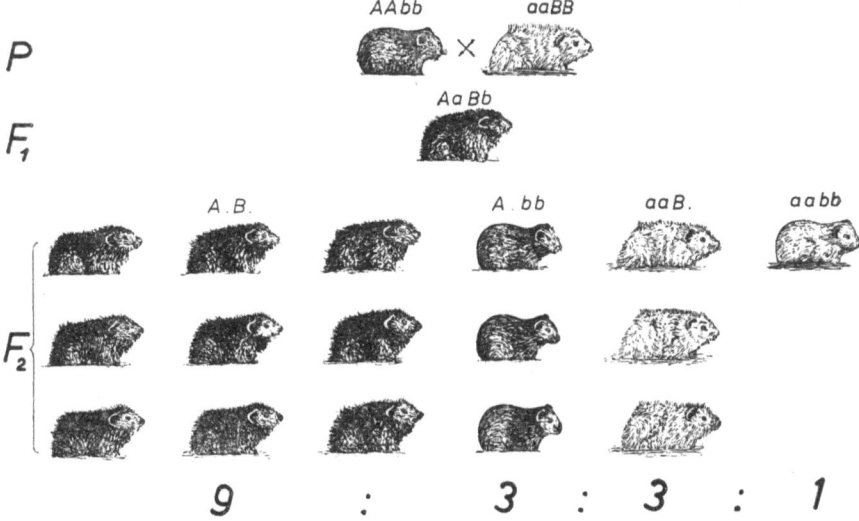

Abb. 6. Dihybride Kreuzung zwischen zwei Meerschweinchenrassen, die sich in der Farbe und in der Form der Behaarung unterscheiden.

det, die sich nur in einem Merkmal voneinander unterscheiden. Im Beispiel Abb. 6 sind die beiden Rassen des Meerschweinchens in zwei unabhängigen Merkmalen unterschieden: schwarze und weiße Haarfarbe und glatte und struppige Beschaffenheit des Haarkleids, die durch die Anordnung der Haare in Wirteln zustande kommt. Der F_1-Bastard zeigt, daß die schwarze Haarfarbe über die weiße und das struppige über das glatte Haar dominant sind, wieder unabhängig davon, von welcher Seite diese Eigenschaften in die Kreuzung eingebracht worden sind. In der F_2-Generation erfolgt nun eine Aufspaltung in vier verschiedene Typen schwarz-struppig, schwarz-glatt, weiß-struppig und weiß-glatt im Zahlenverhältnis 9 : 3 : 3 : 1. Die Anwendung von *Mendels* Faktorenhypothese gestattet uns auch hier eine Erklärung der Zahlenverhältnisse. Die P-Generation wäre zu symbolisieren als AA bb × aa BB, wenn wir die schwarze Haarfarbe mit A, die weiße mit a, das struppige Haar mit B, das glatte mit b bezeichnen. Der dihybride Bastard hat dann die Formel Aa Bb. Die Spaltung der Allelpaare bei der Geschlechtszellbildung und ihre Aufteilung auf die in jedem Faktor reinen Gameten läßt mit gleicher Wahrscheinlichkeit vier Gametensorten entstehen: AB, Ab, aB und ab. Die wieder rein zufallsmäßige Kombination dieser vier Gametensorten bei der Fortpflanzung der F_1-Generation ergibt für die F_2-Generation 16 Kombinationsmöglichkeiten, die man in einem Kombinations-Schema ermitteln kann:

	A B	A b	a B	a b
A B	AA BB	AA Bb	Aa BB	Aa Bb
A b	AA Bb	AA bb	Aa Bb	Aa bb
a B	Aa BB	Aa Bb	aa BB	aa Bb
a b	Aa Bb	Aa bb	aa Bb	aa bb

Wie aus dem Schema ersichtlich, enthalten 9 von den 16 möglichen Kombinationen, also $9/16$ aller F_2-Individuen mindestens je einen A- und B-Faktor, sind daher untereinander phänotypisch gleich und zeigen beide dominante Merkmale. Je $3/16$ enthalten entweder A oder B, daneben aber sind sie

Die Mendelschen Regeln. Polyhybride Kreuzung. 27

in b, bzw. a homozygot. Sie zeigen daher nur das eine dominante Merkmal neben dem andern rezessiven. Nur eine von den 16 Kombinationen ist homozygot aa bb, zeigt daher beide Merkmale in der rezessiven Form. Weiters zeigt die Betrachtung des Schemas, daß unter den phänotypisch zu unterscheidenden vier Typen noch eine größere Mannigfaltigkeit genotypischer Art verborgen ist, nämlich neun verschiedene Genotypen. Nur die in der einen Diagonale des Schemas angeordneten vier Möglichkeiten sind in beiden Faktorenpaaren homozygot, lassen daher, mit ihresgleichen gepaart, eine völlig konstante Nachkommenschaft erwarten. Alle anderen werden, mit ihresgleichen gepaart, in den folgenden Generationen Spaltungserscheinungen in einem oder beiden Faktorenpaaren zeigen. Praktisch läßt sich die genotypische Konstitution der einzelnen Gruppen wieder am besten durch ihre Kreuzung mit dem doppelt rezessiven Typ aa bb ermitteln, wodurch sich auch die Richtigkeit unseres ganzen Schemas beweisen läßt.

Dieses Beispiel einer dihybriden Kreuzung lehrt uns die bedeutungsvolle Tatsache kennen, daß in der F_2-Generation die Eigenschaften in neuen Kombinationen auftreten, in den Typen schwarz-struppig und weiß-glatt, die in der P-Generation gar nicht vorhanden waren. Dies nennen wir die dritte *Mendel*sche Regel, die Kombinationsregel, die besagt, daß die in die Kreuzung eingebrachten unabhängigen erblichen Merkmale in der F_2-Generation nach dem Zufall frei kombiniert herausspalten. Jedes einzelne Merkmal zeigt für sich genommen das Zahlenverhältnis 3 : 1 der monohybriden Spaltung, hier $9/_{16} + 3/_{16} : 3/_{16} + 1/_{16}$ für schwarz-weiß und das gleiche für struppig-glatt. Durch die freie Kombination der zwei unabhängigen Spaltungsvorgänge kommt das dihybride Spaltungsverhältnis 9 : 3 : 3 : 1 zustande. Nun wollen wir einige Zahlen aus wirklichen Versuchen betrachten. *Mendel* selbst kreuzte eine Erbsenrasse mit glatten gelben Samen mit einer mit runzligen grünen Samen, im Bastard ist gelb dominant über grün und glatt dominant über runzlig. In der F_2-Generation ergab die Aufspaltung bei einer Gesamtzahl von 556 Samen:

	gelb-glatt	gelb-runzlig	grün-glatt	grün-runzlig
Mendels Zahlen	315	101	108	32
Theoretisch zu erwarten	313,8	104,4	104,4	34,8

Toyama kreuzte eine Rasse des Seidenspinners mit ungezeichneten Raupen und gelben Kokons mit einer andern, die gestreifte Raupen und weiße Kokons aufweist. Im Bastard erweisen sich die Streifung der Raupen und die gelbe Kokonfarbe dominant. In der F_2-Generation zeigten sich unter 11322 Individuen:

	gestreift-gelb	gestreift-weiß	ungestreift-gelb	ungestreift-weiß
Toyamas Zahlen	6385	2147	2099	691
Ausgedrückt in %	56,38	18,96	18,53	6,1
Theoretisch %	56,25	18,75	18,75	6,25

Man sieht die weitgehende Übereinstimmung der tatsächlichen Versuchszahlen mit der Theorie. Für die statistische Sicherung der gewonnenen Zahlen bei di- und polyhybriden Kreuzungen ist die einfache Fehlerberechnung, wie wir sie bei der monohybriden Kreuzung kennengelernt haben, nicht geeignet. Hier wird mit Vorteil die Kalkulation von χ^2 angewendet, eine Methode, die auch bei anderen und komplizierteren statistischen Berechnungen die besten Dienste leistet. χ^2 ist die Quadratsumme der Abweichungen der empirischen Spaltzahlen von den theoretisch zu erwartenden Zahlen, bezogen auf die Versuchszahlen. Für unsere Beispiele verwenden wir die vereinfachte Formel $\chi^2 = \Sigma \left[\dfrac{(o-c)^2}{c} \right]$ wobei o die in jeder Kategorie beobachtete Individuenzahl und c die nach den *Mendel*-Regeln für diese Kategorie zu erwartende Zahl ist. Die Summe (Σ) der für jede Kategorie zu berechnenden Ausdrücke ergibt einen Wert für χ^2, für den man

Die Mendelschen Regeln. Polyhybride Kreuzung.

unter Berücksichtigung der Zahl der im Versuch vorliegenden Freiheitsgrade die Wahrscheinlichkeit in einer Tabelle nachsehen kann, mit der die beobachteten Abweichungen im Bereich der Zufallsabweichungen liegen. Auf diese Weise läßt sich nicht nur statistisch sichern, inwieweit eine Abweichung als beweisend gegen die Gültigkeit der *Mendel*schen Regeln in einem speziellen Fall gewertet werden kann, sondern auch eine zu gute Übereinstimmung aufdecken. Eine solche würde die Annahme erfordern, daß eine außerhalb der *Mendel*schen Regeln bestehende Gesetzlichkeit in diesem Fall hinzugetreten ist. Denn ein Material, das nach den *Mendel*schen Regeln spaltet, muß die solchen statistischen Vorgängen prinzipiell anhaftenden Streuungsmerkmale zeigen.

Für trihybride und polyhybride Kreuzungen höherer Ordnung lassen sich die zu erwartenden Spaltungserscheinungen leicht aus den bisherigen Betrachtungen ableiten und wurden an den verschiedensten Objekten im Versuch bestätigt. Wenn wir z. B. in einer Meerschweinchen-Kreuzung zu den im vorigen Beispiel benutzten Merkmalspaaren schwarz-weiß, struppig-glatt noch das unabhängige Merkmalspaar kurzhaarig-langhaarig (C kurz, dominant über c lang) hinzutreten lassen, so erhalten wir einen trihybriden F_1-Bastard von der Konstitution Aa Bb Cc, der schwarz, struppig und kurzhaarig ist. Er bildet acht verschiedene Gametensorten in gleicher Zahl: ABC, ABc, AbC, aBC, Abc, aBc, abC, abc. In einem Kombinationsschema nach obigem Muster kann man die 64 möglichen Kombinationen feststellen, die es zwischen diesen acht Gametensorten gibt. Es erscheinen darunter acht verschiedene Phänotypen, und zwar schwarz-struppig-kurz, schwarz-struppig-lang, schwarz-glatt-kurz, weiß-struppig-kurz, schwarz-glatt-lang, weiß-struppig-lang, weiß-glatt-kurz und weiß-glatt-lang im Zahlenverhältnis 27 : 9 : 9 : 9 : 3 : 3 : 3 : 1. Am häufigsten, mit $^{27}/_{64}$, ist der Phänotypus vertreten, der alle drei Merkmale in der dominanten Form zeigt. Mit je $^9/_{64}$ treten Typen auf, die je zwei Merkmale dominant und das dritte in der rezessiven Form zeigen. Mit je $^3/_{64}$ solche, die zwei Eigenschaften in der rezessiven Form und die dritte dominant zeigen. Die in allen drei Merkmalen rezessiv-homozygote Form findet sich nur bei $^1/_{64}$ der Individuen in der F_2-Generation. Man sieht, daß man hier schon eine zahlenmäßig sehr große F_2-Generation heranziehen muß, um die Zahlen statistisch zu sichern und damit die Gültigkeit der *Mendel*schen Regeln auch für polyhybride Bastarde zu beweisen. Hat man eine zahlenmäßig zu kleine F_2-Generation, so kann es leicht vorkommen, daß die seltenen Typen überhaupt nicht zur Beobachtung kommen.

Die Ergebnisse mit polyhybriden Kreuzungen höherer Ordnung lassen sich aus dem bereits Gesagten sinngemäß ableiten, ebenso die Vorgänge in den späteren Generationen solcher Kreuzungen. Die Spaltungsregel für Polyhybride läßt sich im allgemeinen aus der Überlegung ableiten, daß sie durch die freie Kombination der monohybriden Spaltung der einzelnen allelomorphen Paare im Verhältnis 3:1 zustande kommt. Es ergeben sich daher für

Dihybride $\left(\frac{3}{4}+\frac{1}{4}\right) \cdot \left(\frac{3}{4}+\frac{1}{4}\right) = \frac{9}{16}+2\cdot\frac{3}{16}+\frac{1}{16}$

Trihybride $\left(\frac{3}{4}+\frac{1}{4}\right)^3 = \frac{27}{64}+3\cdot\frac{9}{64}+3\cdot\frac{3}{64}+\frac{1}{64}$

n-Hybride $\left(\frac{3}{4}+\frac{1}{4}\right)^n$

Ferner ergeben sich aus den *Mendel*schen Regeln die folgenden allgemeinen mathematischen Konsequenzen:

Zahl der unabhängig erblichen Merkmalspaare	Gametensorten des F₁-Bastards	Gametenkombinationen in F₂	Homozygote Kombinationen	Heterozygote Kombinationen	Verschiedene Genotypen in F₂	Verschiedene Phänotypen in F₂
1	2	4	2	2	3	2
2	4	16	4	12	9	4
3	8	64	8	56	27	8
n	2^n	4^n	2^n	4^n-2^n	3^n	2^n

Polymerie. 31

Man sieht, daß mit der steigenden Zahl der in die Kreuzung eingebrachten Merkmalspaare nicht nur der Grad der phänotypischen Mannigfaltigkeit in der F_2-Generation, sondern in noch höherem Maße der ihrer genotypischen Mannigfaltigkeit ansteigt. Bei rein zufallsmäßiger Befruchtung in den der Kreuzung folgenden Generationen, wie sie in der Natur gegeben ist, wird sich die in der F_2-Generation bestehende Mannigfaltigkeit und ihre Verteilung als statistisches Gleichgewicht auch in den folgenden Generationen erhalten, sofern eine genügend starke Vermehrung stattfindet und keine anderen Vorgänge regulierend eingreifen.

Die Allgemeingültigkeit der *Mendel*schen Regeln wurde nach ihrer Wiederentdeckung im Jahre 1900 an den verschiedensten tierischen und pflanzlichen Objekten in exakten Versuchen tausendfach bestätigt und auch in menschlichen Familienstammbäumen festgestellt. Doch ergaben sich schon frühzeitig verschiedene Beobachtungen, die offenbar auf Abweichungen von diesen Regeln beruhten. Sie wurden zunächst vielfach zur Kritik ihrer Gültigkeit herangezogen, führten aber später zu einer Bestätigung der *Mendel*schen Regeln in einem höheren Sinn und damit zu einem vollendeten Ausbau der Genetik auf der von *Mendel* konzipierten tragfähigen Basis. Hier sollen zunächst einige Erscheinungen besprochen werden, die nur scheinbar eine Abweichung von den *Mendel*schen Gesetzen darstellen.

Polymerie. Kreuzt man die gewöhnliche Form von *Capsella bursa pastoris,* dem Hirtentäschchen, mit seiner charakteristischen Fruchtform mit der Rasse „Heegeri", die eliptisch gestaltete Früchte hat, so zeigt der F_1-Bastard die gewöhnliche Täschchenform und in der F_2-Generation erfolgt eine Aufspaltung zwischen Täschchen- und eliptischer Form, jedoch im Zahlenverhältnis 15 : 1, obwohl doch die beiden Ausgangsrassen nur in einem Merkmal unterschieden waren. Das Zahlenverhältnis zeigt, daß es sich um eine dihybride Spaltung mit zwei Faktorenpaaren handelt, deren dominante Allele zusammen, aber auch jedes für sich allein die Täschchenform zu bewirken vermag. Aus diesem Grund sind hier $^{15}/_{16}$ der F_2-Generation phänotypisch einheitlich. Solche Faktoren, die unabhängig voneinander die gleiche Eigenschaft bewirken, nennt man polymere Faktoren. Polymerie ist eine häufige Erscheinung, besonders bei quantitativen Merkmalen, wie Körpergröße und Färbungsintensität. Wenn man eine Weizenrasse mit dunkelroter Kornfarbe mit einer gewöhnlichen gelben kreuzt, erhält man in der F_2-Generation eine Spaltung in rot und gelb im Verhältnis 63 : 1, was auf eine trihybride Kreuzung polymerer Faktoren hinweist. Allerdings kommen hier unter den roten Früchten Abstufungen in der Farbenintensität in dem Sinn vor, daß die Typen mit einer größeren Anzahl von dominanten Allelen dunkler und die mit weniger dominanten Allelen heller rot sind. Am häufigsten sind in der F_2-Generation die Genotypen mit drei, zwei und vier Dominanzallelen vertreten, am seltensten, nämlich nur einmal unter 64 der Genotypus mit sechs Dominanzallelen und der mit sechs Rezessivallelen (die gelben). Wenn man daher eine zahlenmäßig große F_2-Generation dieser Art statistisch als Ganzes betrachtet, so gewinnt man den Eindruck einer kontinuierlichen Variabilität der Färbungsintensität in Form einer Binomialkurve. Die rein statistische Behandlung einer solchen Population und ihrer Nachkommenschaft würde daher zu einer irrtümlichen Auffassung des Erbgeschehens führen. Man könnte an ihr leicht die *Galton*sche Regression demonstrieren. *Galton* hat nun mit derartigen Merkmalen, z. B. der Körpergröße des Menschen, und mit natürlichen Populationen gearbeitet, die nicht erbrein waren. Er kam daher zur Aufstellung seines Vererbungsschemas, das, wie wir jetzt einsehen, nur unter bestimmten Sonderbedingungen die statistische Konsequenz der Erbgesetze darstellt, aber nicht diese selbst.

Epistase nennt man die Erscheinung, daß ein Erbfaktor in seinem Dominanzallel die Wirkung eines andern, ihm nicht allelomorphen Erbfaktors zu überdecken vermag, so daß dieser in seiner Wirkung nur in Erscheinung tritt, wenn der erste rezessiv homozygot vorliegt. Bei der Kreuzung einer Gerstenrasse mit schwarzen Spelzen mit einer andern mit gelben Spelzen zeigt der Bastard die schwarze Farbe und in der F_2-Generation erfolgt eine Aufspaltung in schwarz : grau : gelb im Verhältnis 12 : 3 : 1. Es liegen hier zwei Faktorenpaare vor, N für schwarze und G für graue Farbe und N ist epistatisch über G. Die Eltern waren NN GG $\times$ nn gg, der schwarze Bastard Nn Gg und in der F_2-Generation sehen jene $^9/_{16}$, die N und G enthalten, genau so schwarz aus wie die $^3/_{16}$ mit N und gg. Die Wirkung des Faktors G tritt nur bei diesen $^3/_{16}$ in Erscheinung, wo nn gegeben ist, die Kombination nn gg ist gelb. Durch die Erscheinung der Epistase treten bei dieser dihybriden Kreuzung in der F_2-Generation statt vier nur drei verschiedene Phänotypen auf und die Zahlenverhältnisse sind entsprechend verschoben. Es sei hier auf den Unterschied zwischen den Begriffen „Dominanz" und „Epistase" hingewiesen. Dominanz nennen wir das Überwiegen einer Faktorwirkung innerhalb eines Allelpaares, das monohybride Spaltung zeigt. Epistase das Übergewicht der Wirkung eines Faktors über einen, einem andern Allelpaar angehörigen Faktor, das daher nur im dihybriden Bastardversuch ermittelt werden kann. Ein etwas komplizierteres Beispiel zeigt die Kreuzung einer Rasse von grauen Ratten mit einer bestimmten Rasse von weißen Albinoratten. Hier liefert der graue Bastard eine F_2-Generation mit den Typen grau : graue Schecken : schwarz : schwarze Schecken Albinos im Verhältnis 27 : 9 : 9 : 3 : 16. Die Analyse des Falles gestattet die Zurückführung auf das folgende polyfaktorielle Schema. Der Faktor N bewirkt dunkle Färbung, der Faktor G Umwandlung dieser Farbe in grau, T bewirkt volle Ausfärbung, dagegen tt Scheckung. C ist die Voraussetzung dafür, daß eine Färbung überhaupt auftreten kann, cc sind Albinos, unabhängig davon, welche Faktoren sonst vorhanden sind. Die Eltern unseres Beispiels waren NN GG TT CC $\times$ NN gg tt cc, der graue Bastard NN Gg Tt Cc. In der F_2-Generation erfolgt nun die Aufspaltung und Rekombination der drei heterozygoten Faktorenpaare. Alle Kombinationen, die cc enthalten, sind Albinos. Alle gefärbten, die tt enthalten, sind Schecken und im übrigen richtet sich die Farbe nach der Verteilung von G und g. Statt acht sind nur fünf verschiedene Phänotypen in der F_2-Generation vorhanden und ihr Zahlenverhältnis läßt noch deutlich die Ableitung aus dem für Trihybride typischen erkennen.

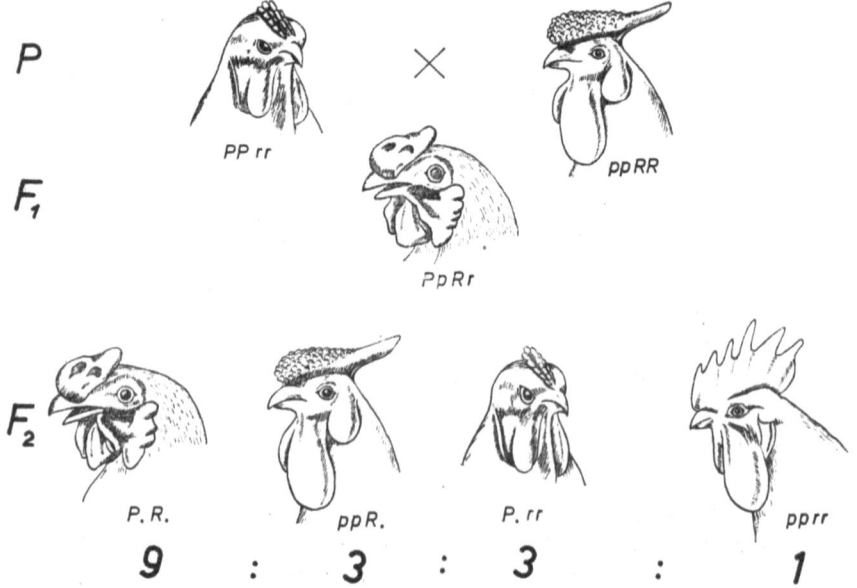

Abb. 7. Kreuzung von Hühnerrassen mit Erbsenkamm und mit Rosenkamm. Aus *Goldschmidt*.

Die verschiedenen Kammformen bei Hühnerrassen, die schon *Darwin* beschäftigt haben, bieten uns schöne Beispiele für das eigentümliche Zusammenwirken der Erbfaktoren. Kreuzt man eine Rasse mit Erbsenkamm mit einer solchen mit Rosenkamm, so tritt im Bastard eine neue Kammform auf, der Walnußkamm, und in der F_2-Generation erfolgt eine Aufspaltung in Walnußkamm : Erbsenkamm : Rosenkamm : normalem einfachen Kamm im Verhältnis 9 : 3 : 3 : 1

(Abb. 7). Die Eltern waren PP rr × pp RR, der Bastard Pp Rr. P und R zusammen bewirken die Walnußform, P mit rr die Erbsen-, R mit pp die Rosenform und pp rr bewirkt den normalen einfachen Kamm der Wildform. Diese Erscheinung, daß aus der Kreuzung gewisser Kulturrassen oft Merkmale der Stammform herausspalten, bezeichnete man früher als „Bastard-Atavismus" und legte ihr eine übermäßige Bedeutung bei. Vom Zusammenwirken der Erbfaktoren wird später noch ausführlicher die Rede sein, hier sollte nur gezeigt werden, daß auch kompliziertere Fälle dieser Art sich jeweils auf die *Mendel*schen Grundregeln zurückführen lassen.

Letalfaktoren. Es gibt eine Mäuserasse mit gelblicher Fellfarbe, die nicht konstant bleibt, sondern in jeder Generation gelbe und graue Mäuse im Zahlenverhältnis 2 : 1 ergibt. Bei genauerer Betrachtung erweist es sich, daß $1/4$ der Embryo-

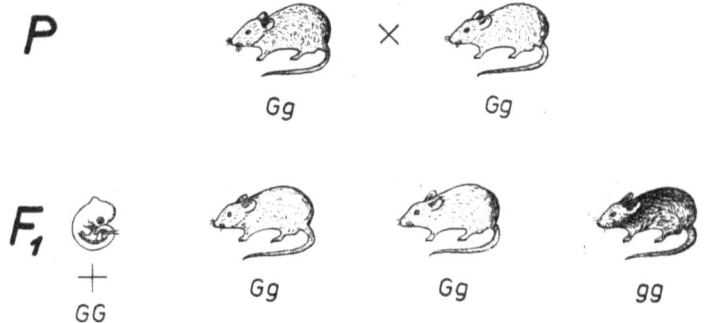

Abb. 8. Gelbe Mäuserasse mit Spaltung in jeder Generation. $1/4$ der Nachkommen stirbt im Embryonalalter.

nen jedes Wurfes in einem bestimmten Altersstadium absterben. Es sind dies die Homozygoten in einem Dominanzfaktor, der im heterozygoten Zustand die gelbe Fellfarbe bewirkt, während die Rezessiv-Homozygoten grau sind (Abb. 8). Dieser Faktor wirkt subletal, er gestattet im dominant homozygoten Zustand das Leben nur bis zu einem gewissen Altersstadium. Andere derartige Erbwirkungen sind letal, d. h. sie gestatten überhaupt keine Entwicklung des befruchteten Eis. Hauben-Kanari spalten aus diesem Grund in jeder Generation $1/3$ normale Nachkommen ab, denn sie sind Heterozygoten in einem homozygot letal wirkenden Faktor, der heterozygot die Haubenform bewirkt. Eine Rasse der Fliege *Drosophila* mit verkürzten und verdickten Borsten hat in jeder Generation $1/3$ normale Nachkommen, eine Rasse des Gartenlöwenmauls mit gelblichen Blättern stets $1/3$ normale grüne Nachkommen. In allen diesen Fällen erscheinen durch den im homozygoten Zustand wirkenden Letalfaktor die *Mendel*schen monohybriden Spaltungszahlen verändert, während wir die Heterozygoten an irgend einem vom Normalen abweichenden Merkmal erkennen. Es gibt aber auch rezessive Letalfaktoren, die im homozygoten Zustand letal wirken, im heterozygoten Zustand jedoch überhaupt keine Wirkung haben und daher nicht kenntlich sind. Zu ihrer Aufdeckung bedarf es komplizierterer Methoden, die später erwähnt werden sollen.

Multiple Allelie. Endlich sei noch die wichtige und weit verbreitete Erscheinung erwähnt, daß es wohl bei allen Organismen Erbfaktoren gibt, die in sogenannten multiplen Allelserien auftreten, d. h. in einer mehr oder weniger großen Zahl von Formen, die alle zueinander im allelomorphen Verhältnis stehen. So ist bei *Drosophila* das Allel W für dunkelrote Augenfarbe dominant über eine Reihe von Allelen, z. B. w^{bl} für blutrote, w^e für orangegelbe, w^{bf} für hellgelbe, w für weiße Augenfarbe. Da wir wissen, daß in jedem Organismus nur ein Allelomorphenpaar eines Erbfaktors gleichzeitig vorhanden sein kann, so sind zwischen diesen Allelen einer multiplen Serie so viel homozygote und heterozygote Zustände möglich, als es mathematische Kombinationsmöglichkeiten gibt. Das Wesen dieser Erscheinung werden wir später verstehen lernen.

Rückblick auf den Mendelismus. Durch die erfolgreiche Anwendung der bastardanalytischen Methode auf eine Unzahl von tierischen und pflanzlichen Objekten hat es sich gezeigt, daß damit allgemein gültige und grundlegende Gesetzlichkeiten aufgezeigt worden sind. Das, was wir Vererbung nennen, wird nicht von einer kontinuierlichen „Erbmasse", sondern von einem Diskontinuum aus sehr zahlreichen diskreten Einheiten bewirkt, die sich nach den *Mendel*schen Regeln verhalten und die wir damit als S p a l t u n g s e i n h e i t e n erfaßt haben. Diese Einheiten, die Erbfaktoren, stehen in einer bestimmten Beziehung zum Auftreten der erblichen Eigenschaften und in bestimmten Wechselbeziehungen zueinander. Zu ihrer Bezeichnung kann man sich einer Buchstabensymbolik bedienen. Da sich nun die einfache Verwendung der Buchstaben des Alphabets als unzulänglich erwiesen hat, geht man heute so vor, daß man die Eigenschaften, in der sich eine Erbrasse von einem als Standard gewählten Normaltypus unterscheidet, mit einem Wort charakterisiert — in der Drosophila-Forschung in englischer, sonst meist in lateinischer Sprache — und dieses Wort konventionell abkürzt. Das Symbol wird nun, wenn die Eigenschaft gegenüber dem Normaltyp rezessiv ist, mit kleinem, wenn sie dominant ist, mit großem Anfangsbuchstaben geschrieben. Weiße Augen bei *Drosophila* sind rezessiv, der Erbfaktor heißt „white", abgekürzt „w". Eine zerschlitzte Blumenkrone bei *Antirrhinum* ist rezessiv, der Erbfaktor heißt „choripetala", abgekürzt „chor". Die im Normaltyp vorliegenden Dominanzallele werden dann dementsprechend mit „W", bzw. „Chor" bezeichnet oder besser mit +w, bzw. +chor. Auf diese Weise lassen sich auch komplizierte Erbbefunde formelmäßig kurz ausdrücken.

Die Chromosomen als Träger der Erbmasse.

Rückblickend erscheint uns heute die hypothetische Konzeption der Vererbungsregeln und ihrer Grundbegriffe durch *Mendel* besonders genial, da diese zu einer Zeit erfolgte, die noch nichts von Chromosomen und von den feineren Vorgängen bei der Bildung der Geschlechtszellen und bei der Befruchtung wußte. Trotzdem sagt schon *Mendel:* „Diese Entwicklung erfolgt nach einem konstanten Gesetz, welches in der materiellen Beschaffenheit und Anordnung der Elemente begründet ist, die in der Zelle zur lebensfähigen Vereinigung gelangten" und „Die unterscheidenden Merkmale zweier Pflanzen können zuletzt doch nur auf Differenzen in der Beschaffenheit und Gruppierung der Elemente beruhen, welche in den Grundzellen derselben in lebendiger Wechselwirkung stehen". Welche sind nun diese Elemente, die materiellen Träger der Erbfaktoren? Die gehäuften Entdeckungen auf cytologischem Gebiet im letzten Viertel des 19. Jahrhunderts lieferten die Grundlagen für das Verständnis der wiederentdeckten *Mendel*schen Regeln und von da an entwickelten sich die Genetik und die Cytologie in ständiger Zusammenarbeit zu beiderseitigem Vorteil. Unter dem Eindruck der Entdeckung der Mitose als grundlegender Form der Kernteilung entwickelte *W. Roux* schon 1883 die Chromosomentheorie der Vererbung. Nach der Entdeckung der Kernverschmelzung als wesentlicher Vorgang der Befruchtung postulierte *Weismann* 1887 theoretisch die Reduktionsteilung, die gegen Ende des Jahrhunderts auch tatsächlich gefunden wurde.

Die cytologischen Grundlagen der Vererbung. Jede Pflanzen- und jede Tierart hat eine charakteristische, konstante Chromosomenzahl, die während der Mitose festgestellt werden kann. Die Individualität der Chromosomen erweist sich in günstigen Fällen an ihren charakteristischen, stets wiederkehrenden Größen- und Formeigentümlichkeiten. Es spricht

Die cytologischen Grundlagen der Vererbung. 39

vieles dafür, daß auch im Ruhekern diese Individualität der Chromosomen persistiert. Bei jeder Befruchtung erfolgt die Verschmelzung von zwei Zellkernen und damit eine Verdoppelung der Chromosomenzahl. Es muß daher zwischen jeder Befruchtung und der nächsten Gametenbildung ein

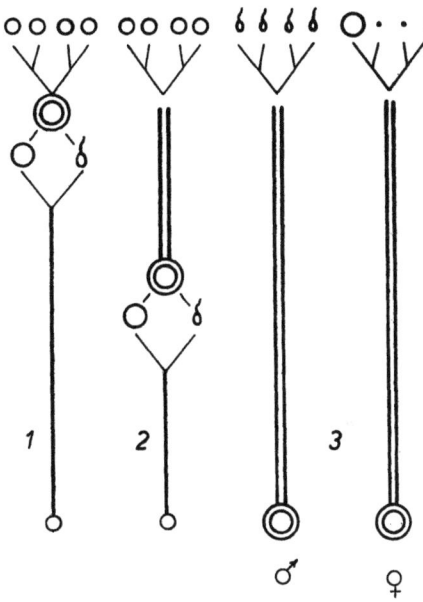

Abb. 9. Schema der wichtigsten Generationswechseltypen. 1. Reiner Haplobiont (gemischt geschlechtlich), 2. Haplodiplobiont mit Generationswechsel (gemischt geschlechtlich), 3. reiner Diplobiont (getrennt geschlechtlich).

Vorgang eingeschaltet sein, der die Chromosomenzahl wieder halbiert. Dies ist die Meiose, die stets aus zwei Teilungsschritten besteht, von denen der eine heterotypisch, als Reduktionsteilung, d. h. o h n e Vermehrung der einzelnen Chromosomen durch Längsspaltung verläuft. Das Resultat der Meiose ist die Herstellung der haploiden oder einfachen Chromosomenzahl, die als die kleinste Grundzahl aufzufassen ist und einen einfachen, für die betreffende Art charakteristischen Chromosomensatz umfaßt. Die durch die Befruchtung, die Verschmelzung zweier haploider Kerne, hergestellte Zahl, die diploide, umfaßt daher zwei haploide Sätze. Der diploide Kern enthält jedes Chromosom in doppelter Auflage, also in Paaren homologer Chromosomen. Die Verteilung dieser beiden Kernphasen auf den Lebenszyklus ist bei verschiedenen Pflanzengruppen verschieden durchgeführt. Im Tierreich herrscht eine größere Einheitlichkeit, indem sämtliche Körperzellen die diploide Zahl besitzen und nur die Gameten, vor deren Ausbildung die Meiose eintritt, die haploide Zahl. Bei den Blütenpflanzen ist dies ähnlich, da hier nur wenige Kerngenerationen zwischen der Meiose und der Ausbildung der Geschlechtskerne eingeschaltet sind, während die große Masse der Körperzellen diploid ist. Einige Grundtypen der Beziehungen zwischen Kernphasen- und Generationswechsel sind in Abb. 9 dargestellt.

Die Meiose läuft bei Pflanze und Tier nach einem einheitlichen Schema ab, dessen wesentliche Eigentümlichkeiten in Abb. 10 dargestellt sind. Aus dem Ruhekern der Spermatocyte oder Oocyte (Pollen- oder Embryosackmutterzelle bei Blütenpflanzen, Sporenmutterzelle bei Sporenpflanzen, der keimenden Zygote bei reinen Haplobionten) bilden sich im Stadium des Leptotaen die Chromosomen in Form langer dünner Fäden aus, der Chromonemen, die mit Körnchen aus chromatischer Substanz, den Chromomeren, besetzt sind. Im Zygotaen-Stadium beginnt eine Paarung der homologen Chromosomen durch enge Parallelkonjugation der Fäden. Im Pachytaen-Stadium ist diese enge Paarung vollendet, so daß die Chromosomenpaare in der haploiden Zahl erscheinen, und außerdem ist eine Längsspaltung der Chromonemen eingetreten, so daß jedes Element aus vier Strängen besteht. Im Diplotaen-Stadium lockert sich die Bindung der homologen Chromosomen, so daß diese stellenweise weit auseinanderweichen. Jedes Chromosom dieser „Bivalenten" zeigt den durchgehenden Längsspalt. An manchen Stellen, den

Chiasmen, erscheinen sie verklebt. Auf die große Bedeutung dieser Stellen werden wir später zurückkommen. Die nun immer weiter fortschreitende Verkürzung und Verdickung der Chromosomen erfolgt, ebenso wie in der Mitose, durch spiralige Eindrehung und damit starke Verkürzung des

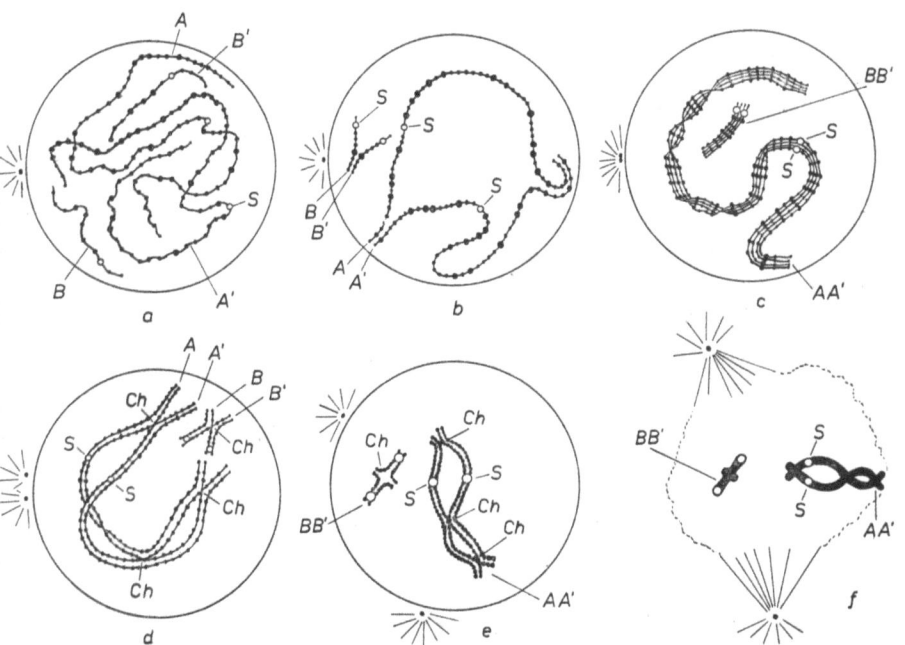

Abb. 10. Schema der Meiose. a) Leptotaen, b) Zygotaen, c) Pachytaen, d) Diplotaen, e)—f) Beginn der ersten Reifungsteilung. AA', BB' zwei Paare homologer Chromosomen. S Spindelfaseransatzstellen. Ch Chiasmata. Nach *White*.

Chromonema und gleichzeitige Verdickung der Chromomeren durch Anreicherung mit chromatischer Substanz. Auf diese Weise erlangen die Chromosomen das für sie in den Teilungsstadien bezeichnende Aussehen von kurzen zylindrischen Gebilden. Die nun folgenden zwei Teilungsschritte der Meiose trennen die Bivalenten auf diese Weise, daß in der homöotypischen Teilung die Spalthälften der Chromosomen auseinanderweichen und an die beiden Pole der Teilungsspindel rücken, im heterotypischen Teilungsschritt aber die homologen Partner jedes Chromosomenpaares getrennt werden und auf diese Weise aus der diploiden die haploide Chromosomenzahl hergestellt wird. Das Resultat einer jeden Meiose sind im Prinzip immer vier haploide Zellen, eine „Tetrade". In der Spermatogenese sind es die vier Spermatiden, in der Pollenbildung vier Pollenkörner, in der Sporogenese vier Sporen, während in der Oogenese der Tiere drei haploide Kerne als Richtungskörper abortieren und in der Embryosackbildung der Blütenpflanzen nur ein haploider Kern zum Eikern wird.

Meiose und Mendel-Regel. Bald nach 1900 haben *C. Correns* und andere darauf hingewiesen, daß eine sehr wesentliche Überlegung zugunsten der Annahme spricht, daß die Erbanlagen in den Chromosomen lokalisiert sind. Das Verhalten der Chromosomen in der Reduktionsteilung und bei der Befruchtung ist nämlich völlig analog dem Verhalten der hypothetischen Erbfaktoren in *Mendels* Theorie. Wenn wir annehmen, daß ein bestimmter Erbfaktor in einem bestimmten Chromosom lokalisiert sei, so sehen wir dieses Chromosom in den diploiden Körperzellen als homologes Paar, entsprechend dem Allelpaar. Wir sehen, daß dieses Chromosomenpaar in der Reduktionsteilung getrennt wird und seine Chromosomen einzeln auf die Gameten aufgeteilt werden, genau so wie die *Mendel*sche Theorie es für die Allele annimmt. Wenn wir annehmen, daß in einem homologen Chromosom das Dominanz-, im andern das Rezessiv-Allel lokalisiert ist, so haben wir im Verhalten des Chromosomenpaars ein vollkommenes materielles Abbild dessen vor uns, das wir die *Mendel*sche Spaltungsregel nennen. Doch auch für ein polyhybrides Beispiel mit freier Rekombination trifft das Chromosomenbild zu, wenn wir annehmen, daß die zwei oder drei Erbfaktorenpaare, deren Erbgang wir ver-

Meiose und Mendel-Regel.

folgen, in verschiedenen Chromosomenpaaren eines Satzes verteilt sind.

Jedes Individuum erhält bei der Befruchtung einen haploiden Chromosomensatz von der Mutter und einen vom Vater, in jedem Chromosomenpaar ist also je ein Partner mütterlicher, der andere väterlicher Herkunft. In der Reduktionsteilung ist es nun rein dem Zufall überlassen, an welchen Pol der Teilungsspindel der mütterliche und der väterliche Partner eines jeden Chromosomenpaares wandert, so daß die einzelnen Gameten mütterliche und väterliche Chromosomen nach dem Zufall gemischt erhalten. Man hat zur Veranschaulichung dieser Verhältnisse das folgende Gleichnis benützt. Im französischen Kartenspiel gibt es vier Farben und in jeder Farbe einen kompletten Satz von dreizehn Figuren vom Siebener über Bub, Dame, König bis zum As. Wenn diese dreizehn Karten einem haploiden Chromosomensatz entsprechen, so können wir uns vorstellen, daß bei einer Befruchtung ein mütterlicher Satz in der Farbe „Herz" mit einem väterlichen Satz in der Farbe „Pick" zusammentritt. Bei der Reduktionsteilung werden die zwei Sätze wieder getrennt, so daß jeder Gamet einen kompletten Figurensatz bekommt. Es ist aber rein vom Zufall abhängig, ob er den Zehner, den Buben oder den König in Herz oder in Pick zugeteilt bekommt. Es werden daher rein nach dem Zufall Gameten entstehen, die die mütterliche und die väterliche Farbe in verschiedenen Anteilen gemischt enthalten, jedenfalls aber immer einen kompletten Satz von Figuren. Wenn diese Gameten mit denen eines andern Individuums zur Befruchtung kommen, das seinerseits aus der Verbindung von elterlichen Figurensätzen in den Farben Treff und Karo entstanden ist, so kann man aus der Fortführung dieses Gedankenexperiments die Tatsache ableiten, daß in der zweiten, diesen Kreuzungen folgenden Generation das einzelne Individuum eine bestimmte Figur, z. B. den König nur in zwei verschiedenen Farben enthalten kann, also nur von zwei Großeltern, aber niemals von allen vier Großeltern. Statistisch werden die möglichen Kombinationen der Chromosomen in der F_2-Generation so verteilt sein, wie dies die *Mendel*schen Regeln für polyhybride Kreuzungen erfordern.

Vererbung bei Haplobionten. Wenn unsere Annahme richtig ist, daß der vollkommene Parallelismus zwischen chromosomalem Geschehen und dem Erbgang im bastardanalytischen Versuch auf der Eigenschaft der Chromosomen als Erbträger beruht, dann muß sich dies in verschiedener Weise nachprüfen lassen. Zunächst ergibt sich daraus für die Vererbung bei Haplobionten und bei Organismen mit Generationswechsel (Abb. 9) die Konsequenz, daß erbliche Eigenschaften der haploiden Generation normaler Weise niemals im heterozygoten Zustand beobachtet werden können. Die sie bewirkenden Anlagen sind ja nur in der Zygote oder im diploiden Sporophyten als Paare vorhanden und spalten bei der Reduktionsteilung im Verhältnis 1 : 1 auf. Ausgedehnte Rassenkreuzungen mit haploiden Algen und mit Moosen haben diese Gesetzlichkeit auch tatsächlich gezeigt. Kreuzt man zwei Moosrassen, die sich in der Form der Blätter des Gametophyten unterscheiden, so ist der Sporophyt in diesem Anlagenpaar heterozygot, was man ihm aber nicht ansehen kann. Die von ihm durch Reduktionsteilung gebildeten Sporen liefern zur Hälfte die eine, zur Hälfte die andere Rasse. Bei den Bienen sind die Männchen, die Drohnen — eine große Ausnahme im Tierreich — stets haploid, da sie aus unbefruchteten Eiern der Königin hervorgehen. Ist die Königin ein Bastard, erzielt durch Kreuzung zweier Rassen mit verschiedener Körperfärbung, so zeigen die von ihr erzeugten Drohnen eine Aufspaltung in beide Eigenschaften im Verhältnis 1 : 1, selbst aber können die Drohnen niemals Bastarde sein.

Eine schöne Bestätigung dieser Auffassung liegt in der Möglichkeit, durch bestimmte experimentelle Eingriffe den

Kernphasenwechsel gegenüber dem Generationswechsel zu verschieben. So gelang es *F. Wettstein* durch Regeneration aus verletzten Moos-Sporophyten diploide Gametophyten zu erzielen. Ist der Sporophyt ein durch Kreuzung erzeugter Bastard, dann hat man auf diese Weise Gelegenheit, das heterozygote Erbfaktorenpaar in seiner Wirkung auf die Eigenschaft des Gametophyten, z. B. die Blattform, zu beobachten.

Tetradenanalyse. Der Nachweis dafür, daß die Trennung der homologen Chromosomenpaare in der Reduktionsteilung wirklich der Ort und der Zeitpunkt der Anlagenspaltung ist, läßt sich durch eine genetische Tetradenanalyse führen. Diese ist technisch nur möglich in Fällen, in denen wir die vier Abkömmlinge einer Meiose isolieren und getrennt auf ihre erblichen Qualitäten hin untersuchen können. Dies ist bei bestimmten Pflanzen gelungen, bei denen die vier Pollenkörner einer Tetrade beisammen bleiben, so daß mit ihnen die Bestäubung einer Narbe durchgeführt werden kann. Ferner bei Basidiomyceten, bei denen aus dem diploiden Fruchtkörper die haploiden Sporen in dieser Weise gebildet werden, daß die vier Sporen auf einer Basidie aus einer Meiose hervorgehen. Sie können isoliert und das aus ihnen keimende Mycel in künstlicher Kultur auf seine erblichen Eigenschaften hin geprüft werden. War nun der Fruchtkörper durch Bastardierung heterozygot für eine bestimmte Erbeigenschaft des haploiden Mycels, dann enthalten stets zwei Sporen einer Basidie das eine Allel, die zwei anderen das andere Allel des Faktorenpaares, wie das Verhalten der aus ihnen keimenden Mycelien zeigt. Man kann durch die Tetradenanalyse sogar die Frage entscheiden, ob der erste oder der zweite Teilungsschritt der Meiose der anlagentrennende ist, wenn der Fruchtkörper ein dihybrider Bastard ist. Wir wissen, daß es durch die verschiedene Möglichkeit der Aufteilung der beiden Allelpaare bei der Meiose in einem dihybriden Bastard vier verschiedene Sporensorten (entsprechend den vier Gametensorten bei einem Tier) geben muß. Ist der erste Teilungsschritt der anlagentrennende, also die Reduktionsteilung, dann können aber innerhalb einer einzelnen Tetrade nur je zwei von den vier Kombinationsmöglichkeiten realisiert sein. Ist es der zweite Teilungsschritt, dann können innerhalb einer einzelnen Tetrade auch alle vier Möglichkeiten vorkommen. Die in verschiedenen Versuchen dieser Art gewonnenen Resultate stimmen vollkommen mit den cytologischen Feststellungen überein. Die Ergebnisse der Erbforschung bei Haplobionten und die Erfolge der Tetradenanalyse beweisen die Richtigkeit von *Mendels* Annahme von der Reinheit der Gameten, die als haploide Zellen niemals heterozygot sein, sondern stets nur ein Allel eines Allelpaares enthalten können.

Geschlechtsbestimmung und Geschlechtschromosomen. Die Geschlechtsbestimmung bei getrennt geschlechtlichen Organismen kann auf verschiedene Weise erfolgen. Wie wir schon früher sahen (S. 15), gibt es Fälle, wo rein phänotypisch, also durch Umweltbedingungen über das Geschlecht entschieden wird. Meist ist die Getrenntgeschlechtlichkeit aber genotypisch begründet, das Geschlecht des einzelnen Individuums also im Erbgut festgelegt. Es zeigte sich, daß in vielen solchen Fällen ein Chromosomenpaar durch seine morphologischen Besonderheiten auffällt und sich dadurch von den übrigen, den Autosomen-Paaren unterscheidet. Häufig ist der Typus, daß dieses Geschlechtschromosomenpaar in einem Geschlecht aus zwei gleichen X-Chromosomen, im andern Geschlecht aus einem X- und einem Y-Chromosom besteht, das in Form und Größe vom X-Chromosom deutlich verschieden ist. Bei einem andern, dem XO-Typus, ist es so, daß das eine Geschlecht zwei gleiche X-Chromosomen, das andere dagegen nur ein unpaariges X-Chromosom ohne Partner hat. In diesen Fällen ist die diploide Chromosomenzahl in einem Geschlecht um eine Einheit geringer als im andern und eine ungerade Zahl.

Endlich gibt es Fälle, bei denen in einem Geschlecht dem X-Chromosom mehrere Y-Chromosomen gegenüberstehen oder umgekehrt. In allen diesen Fällen bildet das Geschlecht mit dem ungleichen Chromosomenpaar bei der Reduktionsteilung zwei verschiedene Gametensorten in gleicher Zahl (Abb. 11), man nennt es daher das heterogametische Geschlecht. Das andere Geschlecht bildet gleichartige Gameten mit je einem X-Chromosom. Bei der Befruchtung wird durch diesen Mechanismus das Geschlechtsverhältnis von 1 : 1 immer wieder hergestellt.

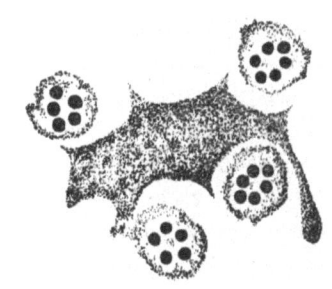

Abb. 11. Tetrade aus der Spermiogenese des Wurmes Ancyracanthus. XO-Typus der Geschlechtsbestimmung. Zwei Spermatiden haben 6, die anderen zwei 5 Chromosomen. Nach *Mulsow*.

Bei den meisten Insekten, bei Crustaceen, Würmern, Amphibien, Säugetieren und dem Menschen und bei den meisten diöcischen Pflanzen ist das männliche Geschlecht das heterogametische. Es bilden also die Männchen zwei verschiedene Spermiensorten (bzw. Pollensorten), weibchenbestimmende mit einem X-Chromosom und männchenbestimmende mit einem Y-Chromosom, bzw. beim XO-Typus ohne Geschlechtschromosom. Die Eier der Weibchen dagegen sind untereinander gleich und haben alle je ein X-Chromosom. Bei den Schmetterlingen, bei Reptilien und Vögeln und bei einer diöcischen Erdbeere ist dagegen das weibliche Geschlecht das heterogametische. Hier sind die Eier geschlechtsbestimmend, die männlichen Gameten dagegen untereinander gleich. Bei Fischen kommen beide Typen vor, sogar innerhalb einer Gattung.

Wesentlich für die Wirkungsart dieses Mechanismus ist die Tatsache, daß das Y-Chromosom zum Teil oder ganz frei von Erbanlagen ist, daher unwirksam (inert). Beim XO-Typus fehlt es ja ganz. Die geschlechts-determinierende

Wirkung geht von dem Gleichgewicht zwischen den Autosomen und dem Geschlechts- oder Heterochromosomenpaar aus. Stehen dem diploiden Autosomensatz zwei X-Chromosomen gegenüber, dann erfolgt (bei Heterogametie im männlichen Geschlecht) die Entwicklung in weiblicher Richtung, steht ihm nur ein X-Chromosom gegenüber, dann entsteht ein Männchen. Dieses Gleichgewicht kann durch cytologische Anomalien gestört sein. Bei *Drosophila* wurden Weibchen beobachtet, die neben einem diploiden Autosomensatz drei statt zwei X-Chromosomen hatten. Sie zeigten die weiblichen Merkmale in übersteigertem Ausmaß. Ist dagegen auch der Autosomensatz triploid, dann erscheinen die weiblichen Merkmale in normaler Ausbildung. Treten zu einem triploiden Autosomensatz nur zwei X-Chromosomen hinzu, entsteht ein Intersex. Bei triploidem Autosomensatz und einem X-Chromosom ein Männchen mit extremer Steigerung der männlichen Merkmale. Man kann daraus schließen, daß in diesen Fällen die geschlechtsbestimmenden Anlagen für die weiblichen Charaktere in den X-Chromosomen, die für die männlichen in den Autosomen liegen.

Ein besonders schöner Beweis für die chromosomale Geschlechtsbestimmung ist die gelegentliche Beobachtung von Halbseiten-Zwittern bei Insekten, deren eine Körperhälfte alle Merkmale des weiblichen, deren andere Körperhälfte die des männlichen Geschlechts zeigen. Diese halbseitigen Gynandromorphen entstehen durch eine Störung bei der ersten Furchungsteilung eines befruchteten Eies mit zwei X-Chromosomen, indem ein X-Chromosom ungeteilt bleibt. Dadurch erhält die eine Blastomere einen diploiden Autosomensatz mit zwei, die andere einen solchen mit nur einem X-Chromosom. Da aus den beiden ersten Blastomeren bilateral symmetrisch die beiden Körperhälften hervorgehen, ist die eine weiblich, die andere männlich. Diese Erscheinung ist nur bei Insekten möglich, da hier alle, auch die sekundären Geschlechtsmerkmale unmittelbar von der Summe der Erbanlagen der Chromosomen bestimmt werden. Bei Säugetieren und Vögeln, wo die Geschlechtsbestimmung primär auch genotypisch erfolgt, die Ausbildung der sekundären Geschlechtsmerkmale aber auf dem Umweg über die innere Sekretion gesteuert wird, kann es keine Halbseiten-Zwitter geben.

Geschlechtsgebundene Vererbung. Die Tatsache, daß das Y-Chromosom teilweise oder ganz frei von Erbanlagen, bzw. beim XO-Typ überhaupt nicht vorhanden ist, führt zu einer eigentümlichen Form von Vererbung gewisser Eigenschaf-

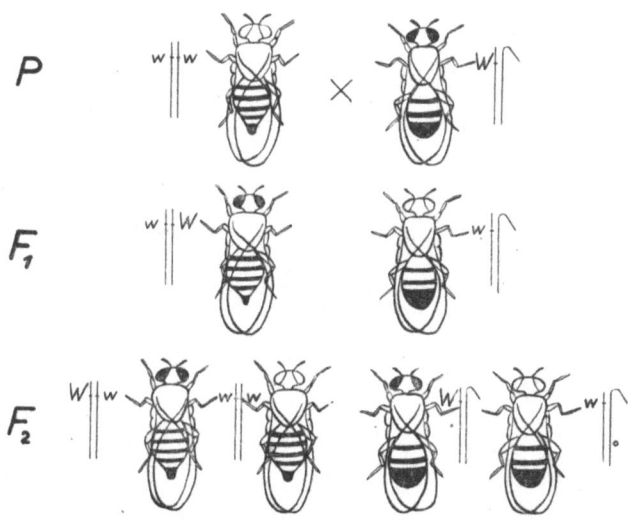

Abb. 12a. Geschlechtsgebundene Vererbung der Augenfarbe bei Drosophila melanogaster. Die rezessive Weißäugigkeit durch die Mutter eingeführt. (Weibchen und Männchen an der Form des Abdomens zu unterscheiden!) Neben den Fliegen eine schematische Darstellung des Geschlechtschromosomenpaares. Das gebogene Y-Chromosom ist genleer!

ten, die wir die echte geschlechtsgebundene oder geschlechtsgekoppelte Vererbung nennen. Ihre Aufdeckung war eine der ersten besonderen Beweise für die Chromosomentheorie der Vererbung. Es sind im X-Chromosom neben den geschlechtsbestimmenden auch eine große Menge von anderen Erbanlagen für die verschiedensten Eigenschaften lokalisiert, die nichts mit dem Geschlecht zu tun haben. Infolge der inerten Beschaffenheit des Y-Chromosoms können diese Erbanlagen im heterogametischen Geschlecht niemals paarweise, sondern nur einmal vorhanden sein. Dies bewirkt einen besondern Erbgang dieser Anlagen, der verschieden ist, je nachdem ob die Anlage mit der Mutter oder mit dem Vater in die Kreuzung eingeführt wird (Abb. 12a u. 12b). Wir sehen, daß für die geschlechtsgebundene Vererbung die Regel

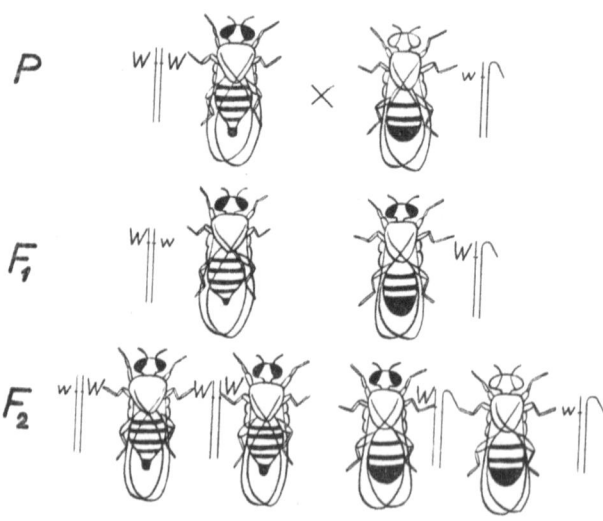

Abb. 12b. Geschlechtsgebundene Vererbung der Augenfarbe bei Drosophila melanogaster. Die rezessive Weißäugigkeit durch den Vater eingeführt.

der Uniformität der F_1-Generation und auch die Spaltungsregel in der F_2-Generation nicht in vollem Umfang gilt. Ist das rezessive Allel einer geschlechtsgebundenen Eigenschaft mit der Mutter in die Kreuzung eingeführt, so erscheint es bei allen F_1-Männchen und spaltet in der F_2-Generation 1:1 statt 3:1. Ist es durch den Vater eingeführt, so erscheint es nicht in F_1 und spaltet in F_2 3:1, wird hier aber nur von Männchen repräsentiert.

Bei *Drosophila* kommt es als Anomalie vor, daß die beiden X-Chromosomen des Weibchens eine Verbindung ein-

Geschlechtsgebundene Vererbung. 51

gehen, so daß sie bei der Reduktionsteilung nicht getrennt werden können. Ein solcher „attached-X"-Stamm zeigt eine besondere Abänderung des Erbgangs geschlechtsgebundener Anlagen, die aus Abb. 13 ersichtlich ist. Es ist hier angenommen, daß das attached-X-Weibchen rezessiv homozygot in

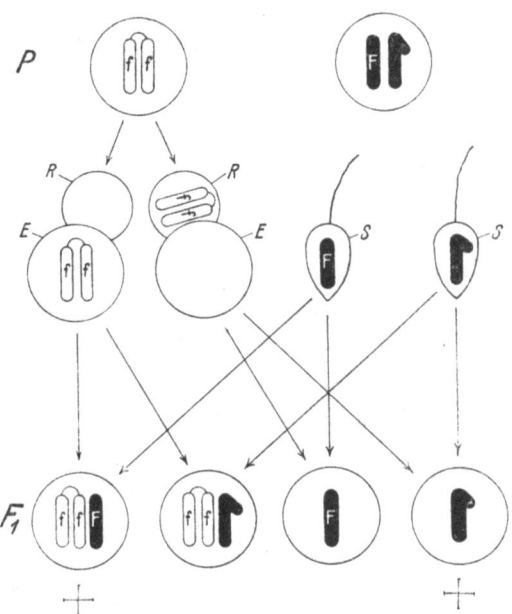

Abb. 13. Erbgang der rezessiven geschlechtsgebundenen Eigenschaft „forked" (f) für gespaltene Borsten bei einem attached-X-Stamm von Drosophila. Schematische Darstellung der Geschlechtschromosomenverhältnisse der Eltern, der Gameten und der F_1-Generation. E Ei. S Spermium. R Richtungskörper. Nach *Bridges*.

der Anlage f (forked) für verbildete Borsten ist und mit einem Männchen mit dem Dominanzallel F für normale Borstenform gekreuzt wird. Bei der Gametenbildung des Weibchens entstehen Eier ohne X-Chromosom und solche mit dem attached-X-Paar im Verhältnis 1 : 1. Aus der Befruchtung der Eier mit diesem X-Chromosomenpaar mit einem Spermium mit einem X-Chromosom entstehen kurzlebige und unfruchtbare „Überweibchen" mit drei X-Chromosomen und normaler Körperfarbe, ein Beweis dafür, daß ein F-Allel auch über zwei f-Allele dominant ist. Aus der Befruchtung solcher Eier mit einem Spermium mit Y-Chromosom entstehen gesunde, fruchtbare Weibchen mit dem attached-X-Paar und einem wirkungslosen Y-Chromosom, die die verbildeten Borsten zeigen. Aus der Befruchtung eines Eies ohne X-Chromosom mit einem Spermium mit X-Chromosom entstehen Männchen mit normalen Borsten. Aus der Befruchtung eines solchen Eies mit einem Spermium mit Y-Chromosom entsteht eine nicht entwicklungsfähige Zygote ohne X-Chromosom. Es erfolgt also in einem solchen Stamm die Vererbung der geschlechtsgebundenen Merkmale auf diese Weise, daß die Merkmale der Mutter stets nur auf die Töchter, die des Vaters stets nur auf die Söhne übergehen. Für die Anstellung verschiedener Experimente sind solche attached-X-Stämme von großem Wert.

Koppelung und Abstoßung. So wie im X-Chromosom zahlreiche Erbanlagen verankert sind, die dem geschlechtsgebundenen Erbgang folgen, so müssen auch in den Autosomen in jedem Chromosom viele Erbanlagen lokalisiert sein. Dies geht schon aus der Überlegung hervor, daß man bei jedem Organismus durch eingehende bastardanalytische Bearbeitung seiner verschiedenen Erbrassen eine sehr große Zahl von verschiedenen Erbanlagen ermitteln kann, jedenfalls eine viel größere Zahl, als seine haploide Chromosomenzahl. Erbanlagen, die in ein und demselben Chromosom gelegen sind, können aber im polyhybriden Versuch nicht die freie Rekombination zeigen, die von der *Mendel*schen Kombinationsregel gefordert wird. *Mendel* selbst hatte solche Fälle zufällig in seinem Material nicht vorliegen und konnte daher von dieser Einschränkung in der Gültigkeit der Kombinationsregel nicht Kenntnis erhalten.

Erbanlagen, die in einem Chromosom liegen, zeigen die Erscheinung der Koppelung, bzw. der Abstoßung je nachdem, ob sie zusammen von einem Elter oder getrennt von verschiedenen Eltern in den dihybriden Versuch eingeführt worden sind. In Abb. 14 ist dies für zwei Anlagenpaare von *Drosophila* dargestellt. Der Faktor vg (vestigial) bewirkt Stummelflügel, Vg normale Flügel, b (black) schwarze Körperfarbe, B die normale graubraune Körperfarbe. Aus bestimmten Gründen ist hier zur Darstellung der Spaltungsverhältnisse in der F_2-Generation jeweils ein heterozygotes

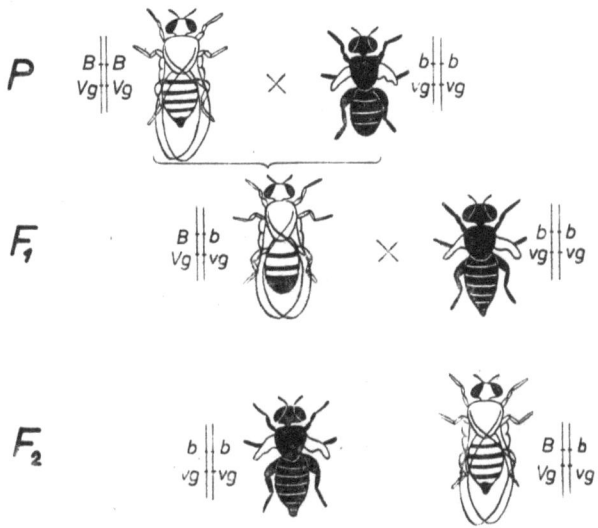

Abb. 14a. Absolute Koppelung zweier, zusammen eingeführter Faktoren bei Rückkreuzung eines doppelt heterozygoten Männchens der F_1-Generation mit einem doppelt rezessiv homozygoten Weibchen. b schwarze Körperfarbe, vg Stummelflügel.

Vg vg Bb-Männchen der F_1-Generation mit einem Weibchen der Rasse vg vg bb gekreuzt. Bei freier *Mendel*scher Spaltung und Rekombination müßten die vier möglichen Phänotypen Farbe und Flügel normal, Farbe normal Stummelflügel, schwarz und normale Flügel, schwarz Stummelflügel in beiden Kreuzungen im Zahlenverhältnis 1 : 1 : 1 : 1 herausspalten. Dies ist aber nicht der Fall, es fehlen jeweils zwei der vier erwarteten Typen vollkommen. In Abb. 14a, wo beide rezessive Anlagen mit dem einen Elter, beide dominante mit dem andern Elter eingeführt worden sind, spalten sie auch wieder gekoppelt heraus. In Abb. 14b, wo die beiden rezessiven Anlagen getrennt eingeführt worden sind, bleiben sie getrennt, sie zeigen Abstoßung. In beiden Fällen unterbleibt die Neukombination vollständig. Diese Erscheinung der absoluten Koppelung zeigt, daß die zwei betrachteten Anlagenpaare im gleichen homologen Chromosomenpaar lokalisiert sind. Die ausgedehnte Erbanalyse eines

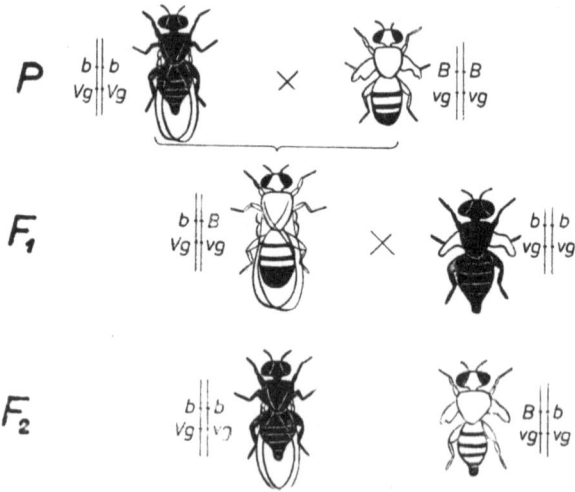

Abb. 14b. **Absolute Abstoßung zweier, getrennt eingeführter Faktoren bei Rückkreuzung eines doppelt heterozygoten Männchens der F_1-Generation mit einem doppelt rezessiv homozygoten Weibchen.**

Organismus, in der die verschiedenen Erbanlagenpaare in ihren gegenseitigen Koppelungsbeziehungen untersucht werden, gestattet uns die Aufstellung von Koppelungsgruppen, in die wir alle Anlagen mit gegenseitigen Koppelungsbeziehungen einreihen. Es hat sich nun tatsächlich ergeben, daß bei allen genügend untersuchten Objekten die Zahl der Koppelungsgruppen der Zahl der Chromosomen des haploiden Satzes entsprechen, auf keinen Fall aber größer ist als diese Zahl. Erscheint sie kleiner, so beruht dies meist darauf,

Koppelung und Abstoßung.

daß wir noch nicht genug Erbanlagenpaare kennengelernt haben. Die Erscheinung der absoluten Koppelung, wie wir sie eben kennengelernt haben, ist jedoch nur ein Ausnahmefall und bei *Drosophila* auf das männliche Geschlecht beschränkt. Deshalb haben wir auch ein doppelt heterozygotes Männchen der F_1-Generation zur Kreuzung mit einem rezessiv homozygoten Weibchen benutzt. Beim Weibchen von *Drosophila* und bei den meisten anderen Organismen in beiden Geschlechtern sind die Erbanlagen einer Koppelungsgruppe nicht absolut, sondern nur partiell gekoppelt. Im nächsten Kapitel soll gezeigt werden, zu welch interessanten Ergebnissen das Studium dieser Erscheinung geführt hat.

Das Gen.

Schon vor der Wiederentdeckung der *Mendel*schen Gesetze haben viele Biologen, von allgemeinen Gesichtspunkten ausgehend, die Frage nach der materiellen Grundlage der Vererbung aufgeworfen, nach der Erbsubstanz, die durch die Geschlechtszellen von Generation zu Generation weitergegeben und, in allen Körperzellen anwesend, die Konstanz des Erbverhaltens gewährleistet oder zu einer erblichen Abweichung führt. Rein hypothetisch wurde die Zusammensetzung der Erbmasse aus diskreten stofflichen Einheiten angenommen, die Pangene *Darwins* und *de Vries*, die Determinanten *Weismanns*. Die bastardanalytische Forschung hat die Möglichkeit des Nachweises der Erbfaktoren als Spaltungseinheiten im Kreuzungsversuch gezeigt und im letzten Kapitel haben wir eine Reihe von Beweisen dafür kennengelernt, daß die materielle Grundlage für diese Spaltungseinheiten an die Chromosomen gebunden ist, in ihnen lokalisiert ist. Das materielle Äquivalent des Erbfaktors nennen wir das Gen. Das Gen ist eine diskrete materielle Einheit, die uns in den verschiedenen Allelen einer bestimmten Erbanlage in verschiedenen Zustandsformen entgegentritt und die wir in einem bestimmten Chromosom lokalisieren können. Daß wir das Gen als Lokalisationseinheit noch viel genauer definieren können, soll nun gezeigt werden.

Drosophila-Forschung. Dem großen amerikanischen Genetiker *T. H. Morgan* und seiner Schule verdanken wir einen großen Teil der im folgenden geschilderten Ergebnisse. Diese Erfolge waren vor allem ermöglicht durch die Wahl eines günstigen Versuchsobjektes, der Tau- oder Fruchtfliege, *Drosophila melanogaster*. Auch viele andere Arten dieser sehr artenreichen Gattung wurden inzwischen erfolgreich bearbeitet. Die 2 — 3 mm große Fliege bietet den Vorteil, daß man sie in großer Menge auf kleinem Raum mit billigen Mitteln künstlich kultivieren kann. Bei optimalen Bedingungen beträgt ihre Entwicklungsdauer vom befruchteten Ei bis zur Fliege nur 10 Tage, ein Pärchen liefert bis 300 Nachkommen. So ist es möglich, in einem Monat bis zu drei, in einem Jahr über 30 Generationen in beliebigem Umfang heranzuziehen. Hiezu kommt der Vorteil, daß der haploide Chromosomensatz aus nur vier in Form und Größe gut unterscheidbaren Chromosomen besteht, und daß die Larven in ihren Speicheldrüsen Riesenchromosomen zeigen, von denen später ausführlich die Rede sein wird. Die erstaunlichen Erfolge der neueren Vererbungsforschung wurden hauptsächlich durch die überlegene Eignung der *Drosophila* als Versuchsobjekt ermöglicht. Es sei jedoch betont, daß inzwischen alle wesentlichen an *Drosophila* gewonnenen Ergebnisse an anderen tierischen und pflanzlichen Objekten nachgeprüft oder neu erhoben und ergänzt worden sind, so daß jeder Vorwurf der Einseitigkeit gegen diese Forschungsrichtung unberechtigt ist.

Partielle Koppelung. Wir erwähnten schon, daß die Erscheinung der absoluten Koppelung als Ausdruck dessen, daß zwei Anlagenpaare oder Gene im gleichen Chromosom gelegen sind, nur einen Sonderfall darstellt und daß bei den meisten Objekten sich nur eine partielle Koppelung, bzw. Abstoßung zwischen solchen Genen zeigt. Wir wollen diese

Partielle Koppelung. 57

Erscheinung absichtlich am gleichen Beispiel der zwei Erbanlagen für Körperfarbe und Flügelform bei *Drosophila* kennenlernen, das wir schon oben (S. 52 f.) herangezogen haben. Nur verwenden wir jetzt das doppelt heterozygote Weibchen der F_1-Generation zur Kreuzung mit einem rezessiv homozygoten Männchen (Abb. 15). Wir sehen, daß im

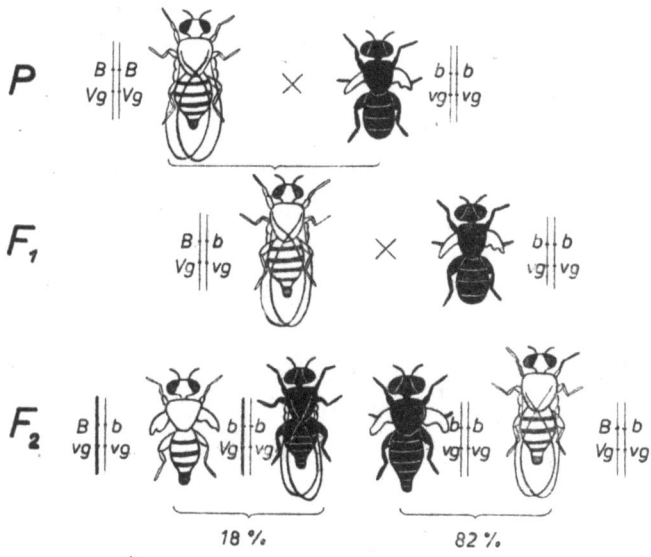

Abb. 15 a. Partielle Koppelung zweier, zusammen eingeführter Faktoren bei Rückkreuzung eines doppelt heterozygoten Weibchens der F_1-Generation mit einem doppelt rezessiv homozygoten Männchen. Die Chromosomen, in denen Stückaustausch stattgefunden hat, sind in der F_2-Generation verstärkt gezeichnet.

Weibchen die Koppelung, bzw. Abstoßung der beiden Erbanlagen nicht absolut ist, so daß in der F_2-Generation auch die neuen Rekombinationstypen auftreten. Allerdings nicht, wie dies die *Mendel*schen Regeln für freie Rekombination erfordern würden, in gleichen Zahlenteilen mit den Typen der P-Generation. Wir nehmen an, daß hier das Auftreten der neuen Rekombinationstypen durch einen Austausch der gekoppelten Gene zwischen den homologen Chromosomen zustandekommt und bezeichnen den Prozentanteil, in dem diese Ausnahmen auftreten, als das Austauschprozent. Unter gleichen Versuchsbedingungen ist nun, wie ausgedehnte Versuche ergeben haben, dieses Austauschprozent für zwei bestimmte, im Versuch geprüfte Gene einer Koppelungsgruppe jeweils eine konstante Größe, in unserem Beispiel 18 % aller

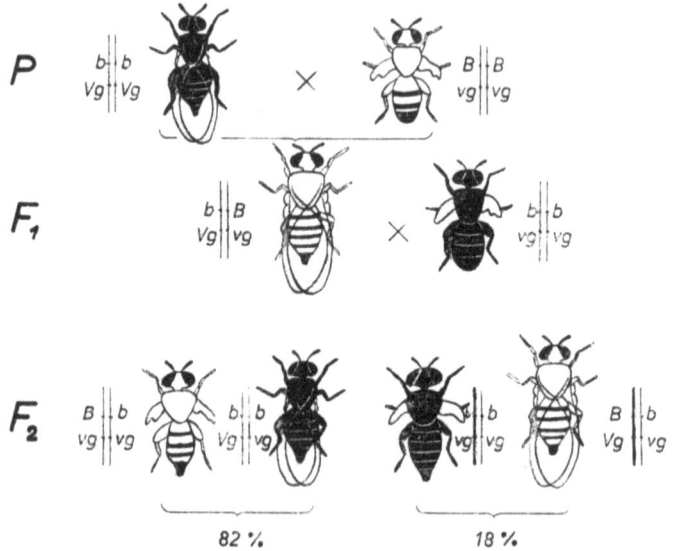

Abb. 15b. Partielle Abstoßung zweier, getrennt eingeführter Faktoren bei Rückkreuzung eines doppelt heterozygoten Weibchens der F_1-Generation mit einem doppelt rezessiv homozygoten Männchen. Die Chromosomen, in denen Stückaustausch stattgefunden hat, sind in der F_2-Generation verstärkt gezeichnet.

Individuen der F_2-Generation. Wir sehen, daß diese Größe gleich ist, ob wir nun die Gene gekoppelt einführen und den Durchbruch der Koppelung prüfen (Abb. 15a) oder ob wir sie getrennt einführen und den Durchbruch der Abstoßung messen (Abb. 15b). Für je zwei andere Gene der gleichen Koppelungsgruppe werden die Austauschprozente andere, größere oder kleinere, aber jedenfalls für diese zwei Gene konstante Zahlen sein. Das Austauschprozent liegt stets unter 50 %, denn bei 50 % wäre freie Rekombination

Die lineare Anordnung der Gene im Chromosom.

gegeben, ein Zeichen dafür, daß die Gene in verschiedenen Koppelungsgruppen liegen.

Die lineare Anordnung der Gene im Chromosom. *T. H. Morgan* hat zur Erklärung dieser Erscheinung angenommen, daß die Gene im Chromosom in einer bestimmten konstanten Reihenfolge linear angeordnet sind, daß der Austausch bei der partiellen Koppelung auf einem wirklichen reziproken Austausch homologer Stücke der Chromosomen beruht und daß die Größe des Austauschprozentes eine Funktion der li-

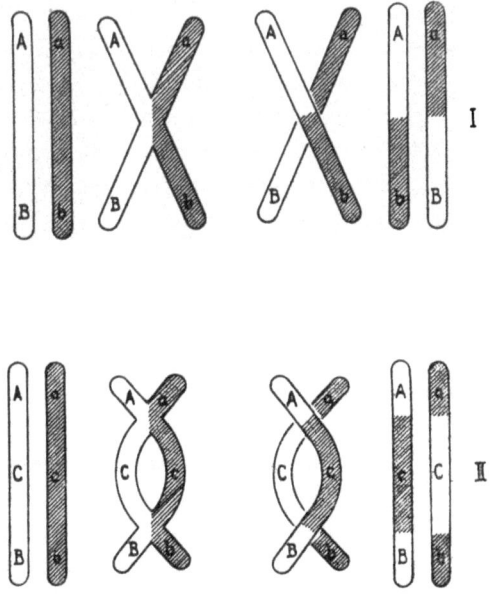

Abb. 16. Schema des einfachen (I) und des doppelten (II) Crossing-over.

nearen Entfernung der Gene ist. Der Vorgang des reziproken Stückaustausches, des „Crossing-over", wie er in Abb. 16 schematisch dargestellt ist, erfordert, daß die homologen Chromosomen eines Paares streng parallel nebeneinander gelagert sind, so daß die homologen Stellen in der serialen Anordnung der Gene einander genau gegenüberliegen. Weiters, daß an einer Stelle eine innige Berührung der

Chromosomen erfolgt und daß nach Verschmelzung an dieser Stelle die beiden Chromosomen auf diese Weise wieder auseinanderweichen, daß die homologen Teile jenseits der Bruchstelle reziprok ausgetauscht erscheinen. Gene, die vorher beiderseits der Bruchstelle in einem Chromosom gelegen waren, liegen nun in zwei verschiedenen Chromosomen des Paares und umgekehrt. Erscheinungen, die diese Bedingungen erfüllen, lassen sich nun tatsächlich cytologisch als Chiasmen in den Vorstufen der Meiose feststellen (Abb. 10). Es erscheint weitgehend gesichert, daß diese Chiasmen im Vierstrangstadium der Ort und Zeitpunkt des Stückaustausches sind. Bei Männchen von *Drosophila* und in ähnlichen Fällen, in denen dem X-Chromosom ein nahezu genleeres, also nicht gleichwertiges Y-Chromosom gegenübersteht, ist ein Stückaustausch in diesem Chromosomenpaar nicht denkbar und unterbleibt offenbar deshalb auch in den anderen Chromosomenpaaren, so daß hier die Koppelung absolut ist. Tatsächlich finden wir auch in den Vorstufen der Meiose in solchen Fällen meist keine Chiasmen. Ein besonderer Beweis dafür, daß es sich beim Crossing-over um einen realen Austausch homologer Chromosomenstücke handelt, konnte in Fällen geliefert werden, in denen die beiden Enden des einen Chromosoms des Paares durch Mißbildungen morphologisch markiert waren. Nach Eintritt eines Faktorenaustausches im Erbversuch war stets das eine markierte Ende auf das andere Chromosom des Paares verlagert.

Theoretische Chromosomenkarten. Auf Grund der eben entwickelten Vorstellungen lassen sich theoretische Chromosomenkarten aufbauen, in denen die Reihenfolge der Gene und ihre Entfernung voneinander eingezeichnet werden. Nehmen wir an, der Austausch zwischen den im dihybriden Versuch geprüften Genen A und B betrage 2 %, so tragen wir diese Gene auf einer Geraden in der Entfernung von zwei

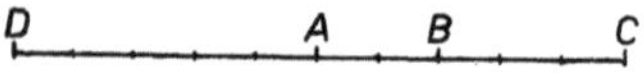

D   A B   C

Abb. 17. Schema des Aufbaus einer Chromosomenkarte.

Theoretische Chromosomenkarten.

Einheiten eines freigewählten Maßstabes auf (Abb. 17). Finden wir nun zwischen den Genen A und C 5 %, Austausch und zwischen B und C 3 %, so tragen wir

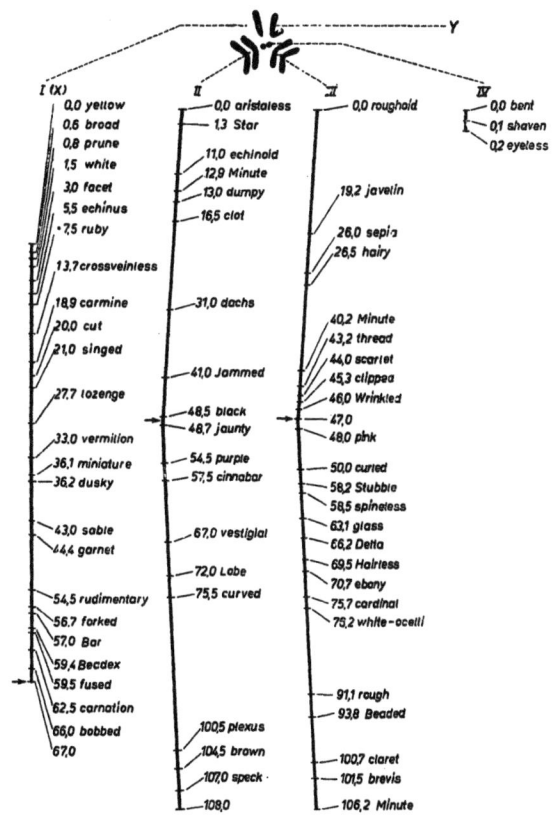

Abb. 18. Theoretische Chromosomenkarte von Drosophila melanogaster, darüber der diploide Chromosomensatz aus einer somatischen Mitose. Die Chromosomen sind bezeichnet I (X-Chromosom), II, III und IV. Nur eine Auswahl der bekannten Gene eingetragen!

C drei Einheiten rechts von B ein. Der Austausch zwischen A und D beträgt 5 %, der zwischen B und D 7 % usw. Es ergibt sich die Regel, daß der Austauschwert zwischen zwei Genen die Summe der Austauschwerte aller zwischen ihnen liegenden Gene sein muß. Auf diese Weise gelangt man nach eingehender Erbanalyse eines Objektes zu Chromosomenkarten für alle Chromosomen des Satzes. Abb. 18 zeigt die Chromosomenkarte der vier Chromosomen des haploiden Satzes von *Drosophila melanogaster*. Es ist nur eine Auswahl der Gene eingezeichnet, die Anzahl der bereits lokalisierten Gene ist bedeutend größer. Die Zuordnung der Koppelungsgruppen zu den einzelnen Chromosomen ist hier durch den geschlechtsgebundenen Erbgang für das X-Chromosom, durch die geringe Zahl der Gene für das kleine IV. Chromosom gesichert. Für das II. und III. Chromosom und bei anderen Objekten mit einer größern Zahl gleichartiger Chromosomen kann die Zuordnung nur durch die Beobachtung von Anomalien erfolgen, die später besprochen werden sollen.

Doppelaustausch. Die Regel, daß der Austauschwert zwischen zwei Genen die Summe der Austauschwerte aller zwischen ihnen liegenden Gene ist, gilt uneingeschränkt nur für kurze Strecken. Je länger die Strecke zwischen zwei Genen ist, desto stärker zeigt sich eine Abweichung von dieser Regel in dem Sinn, daß der Austauschwert der am weitesten auseinanderliegenden Gene kleiner ist, als die Summe aller dazwischenliegenden Werte. So beträgt der aus der Summe der dazwischenliegenden Werte berechnete Austauschwert zwischen den Genen w (Augenfarbe) und B (Augenform) im X-Chromosom von *Drosophila* 55,5 %, der wirkliche 43 %. Chromosomenkarten, die wie in Abb. 18 aus der Aneinanderreihung lauter kleiner Einzelstücke aufgebaut sind, zeigen daher für weiter auseinanderliegende Gene viel zu hohe, in Wirklichkeit nicht zutreffende Austauschwerte. Die Karten sind daher bei den langen Chromosomen über 100 Einheiten lang, obwohl auch die höchsten Austauschwerte innerhalb einer Koppelungsgruppe unter 50 % liegen müssen. Die Ursache für diese Erscheinung ist das Vorkommen von Doppel- und Mehrfachaustausch. Dieser kann experimentell natürlich nur in Versuchen nachgewiesen werden,

Doppelaustausch.

in denen mindestens drei Gene einer Koppelungsgruppe geprüft werden, die in geeigneten Entfernungen voneinander im Chromosom liegen. Die Durchführung eines solchen „Dreipunktversuches" sei an einem Beispiel vom X-Chromosom von *Drosophila melanogaster* dargestellt. Verwendet werden die Gene V - v für Augenfarbe, S - s für Körperfarbe und b - B für Augenform. Die Eltern der Kreuzung sind vv ss bb und VV SS BB. Das dreifach heterozygote F_1-Weibchen Vv Ss Bb wird mit einem dreifach rezessiv homozygoten Männchen gekreuzt. Dadurch müßten bei freier Rekombination die zu erwartenden acht verschiedenen Phänotypen in der F_2-Generation alle in gleicher Zahl erscheinen, durch die partielle Koppelung sind jedoch die sechs Neukombinationen gegenüber den zwei Großeltern-Kombinationen anteilsmäßig herabgesetzt. Von diesen sechs Neukombinationen sind vier Kombinationen durch einfachen Austausch zwischen V und S und zwischen S und B zu erklären, die zwei anderen durch Doppelaustausch. In der folgenden Tabelle sind die durch die Kreuzung mit dem dreifach rezessiv homozygoten Männchen aufgedeckten acht Gametenklassen des F_1-Weibchens eingetragen mit den tatsächlichen Individuenzahlen, durch die sie in der 1895 Individuen umfassenden F_2-Generation vertreten waren, und mit den daraus berechneten Austauschwerten.

Gameten-klassen	Individuen in der F_2-G.		
v s b	608	} Nichtaustausch-Klasse: 76,70 %	
V S B	845		
V s b	97	} Austausch zwischen V u. S: 9,53 %	Einfache Austausch-klassen
v S B	95		
v s B	108	} Austausch zwischen S u. B: 13,49 %	
V S b	140		
v S b	1	} Doppelaustausch-Klasse: 0,28 %	
V s B	1		

Aus dem ganzen Versuch ergibt sich als Austauschwert zwischen den am weitesten auseinanderliegenden Genen V und B aus der Summation der einfachen

Austauschwerte zwischen V und S und zwischen S und B $(9,53 + 0,28) + (13,49 + 0,28) = 23,58 \%$, der wirkliche Austauschwert zwischen V und B im Versuch ist aber nur 23,02 % (Abb. 19). Die Differenz erklärt sich aus dem Doppelaustausch, dessen Vorkommen durch die Einführung des dazwischen liegenden Gens S in unserem trihybriden Versuch sichtbar gemacht wurde. Bei allen diesen Versuchen zur Ermittlung von Austauschwerten ist natürlich eine statistische Sicherung der gewonnenen Werte, bzw. ihrer Summen oder Differenzen durch Einführung der Fehlerberechnung notwendig, auf deren Darstellung aber hier verzichtet wurde.

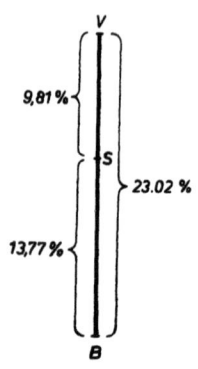

Abb. 19. Schema der Austauschwerte zwischen drei Genen im X-Chromosom von Drosophila.

Eine schematische Darstellung des doppelten Crossing-over ist in Abb. 16 gegeben. Die cytologische Grundlage für den doppelten und mehrfachen Austausch finden wir in der Tatsache, daß in den Vorstufen der Meiose bei längeren Chromosomen mehrere Chiasmen festzustellen sind (Abb. 10). Man kann cytologisch bis über acht Chiasmen in sehr langen Chromosomen feststellen.

Interferenz. Wenn der Doppelaustausch ein rein zufallsmäßiges Ereignis wäre, d. h. wenn er nur eine Funktion der Häufigkeit der einfachen Austauschvorgänge und damit der linearen Entfernung der Gene wäre, dann müßte in unserem Beispiel die Häufigkeit des Doppelaustausches auf der Strecke V bis B das Produkt der Häufigkeit des einfachen Austausches zwischen V und S und zwischen S und B sein. Also $(9,53 + 0,28) \times (13,49 + 0,28) = 1,35 \%$. In Wirklichkeit ist der Doppelaustauschwert aber nur 0,28 %. Dies ist die Wirkung der Interferenz, die den Doppelaustausch herabsetzt. Die Interferenz wird verständlich, wenn wir bedenken, daß die Chromosomen in den Vorstufen der Meiose, in denen die Chiasmen gebildet werden, als mehr oder weniger halbstarre Fäden aufzufassen sind. Ein an bestimmter Stelle eingetretenes Chiasma bewahrt die Umgebung in einem gewissen Umkreis vor dem gleichzeitigen Auftreten eines andern Chiasmas und so wird die Wahrscheinlichkeit für den Doppelaustausch durch die jeweils eintretenden einfachen Austauschvorgänge herabgesetzt. Das Ausmaß der Interferenz ist für bestimmte Chromosomenabschnitte eine konstante Größe. Theoretisch könnten wir alle sich an einem homologen Chromosomenpaar abspielenden Vorgänge, die Zahl der Chiasmen, die Größe der Interferenz usw. exakt erfassen, wenn wir einen so hochgradig polyhybriden Kreuzungsversuch durchführen würden, daß über die ganze Strecke des Chromosoms hinweg viele Stellen in dichter Folge durch heterozygot in die Kreuzung eingeführte Gene markiert wären. Aus verschiedenen Gründen ist ein solcher Versuch in diesem Ausmaß praktisch nicht möglich.

Die Austauschwerte sind nur unter gleichartigen Außenbedingungen und bei Verwendung von Stämmen mit einheitlicher erblicher Grundlage konstante Größen. Die standardisierten Austauschwerte für *Drosophila* gelten bei der optimalen Zuchttemperatur von 25^0, bei extrem hohen und extrem niedrigen Temperaturen sind sie größer. Auch das Weibchenalter beeinflußt ihre Größe. Endlich können auch Erbfaktoren, die sonst keine sichtbare Wirkung haben, als Modifikatoren die Austauschwerte beeinflussen. Wir werden bald eingreifende cytologische Anomalien kennenlernen, die die Austauschwerte sehr wesentlich verändern können.

Die Riesenchromosomen der Dipterenlarven. In den Larven aller Dipteren (Fliegen und Mücken) und leider nur bei diesen finden sich in manchen Geweben eigentümliche Bildungen im Zellkern, besonders deutlich in den großen Kernen der Speicheldrüsenzellen. Diese Kerne zeigen im Ruhezustand eine der haploiden Chromosomenzahl entsprechende Anzahl von langen und dicken Schleifen, die bei Färbung mit Kernfarbstoffen einen regelmäßigen und für jede Schleife konstant charakteristischen Aufbau aus in kürzeren oder längeren Abständen hintereinander folgenden dickeren und

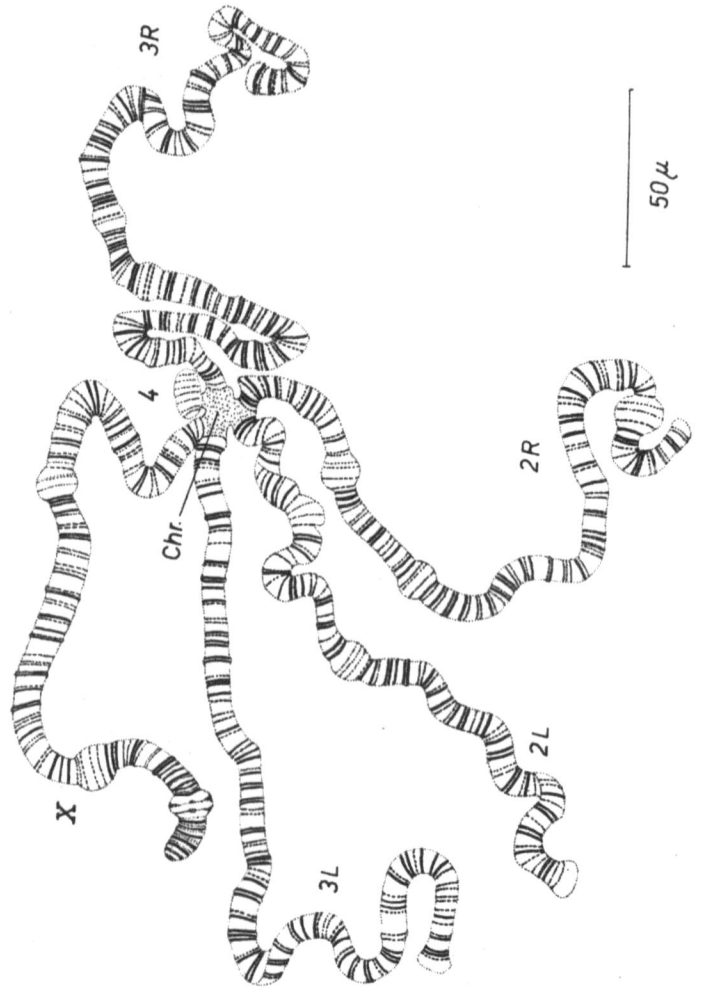

Abb. 20. Die Riesenchromosomen aus der Speicheldrüse einer weiblichen Larve von Drosophila melanogaster. X das Geschlechtschromosom, 2L und 2R der linke und der rechte Schenkel des II-Chromosoms, 3L und 3R der linke und rechte Schenkel des III-Chromosoms, 4 das IV-Chromosom. Chr das Chromozentrum. Nach einer Photographie von *Demerec-Kaufmann*.

dünneren Querscheiben aus Chromatin zeigen (Abb. 20). Diese seit langer Zeit bekannten Bildungen wurden erst 20 Jahre nach der Konzeption der Morganschen Theorie von der linearen Anordnung der Gene als ins riesenhafte vergrößerte Chromosomen erkannt, in denen man die lineare Anordnung der Gene, bzw. ihrer sichtbaren Äquivalente unmittelbar sehen kann. Diese Riesenchromosomen sind etwa hundertmal so groß wie die Chromosomen in der Metaphase der gewöhnlichen somatischen Mitosen und kommen durch die sogenannte Endomitose zustande. Dabei teilen sich die vollkommen entspiralisierten, daher sehr langen Chromosomen wiederholt durch Längsspaltung, ohne daß die Teilungsprodukte auseinanderweichen und ohne daß es zu einer Kern- oder Zellteilung kommt. Die Teilungsprodukte bleiben parallel gelagert in einem Bündel beisammen, das noch durch die vollkommene Paarung der homologen Chromosomen eines Paares auf die doppelte Dicke heranwächst. Die Grundlage des Riesenchromosoms bilden die parallel gelagerten Chromonemen, an denen die ebenso vermehrten Chromomeren die färbbaren Querscheiben bilden. Man kann in günstigen Fällen in einer Querscheibe bis 256 Chromomeren zählen, ein Zeichen dafür, daß sieben endomitotische Teilungsschritte jedes Chromosoms vorangegangen sind. Genleere Chromosomen, wie das Y-Chromosom bei *Drosophila* oder inerte Chromosomenteile zeigen keinen regelmäßigen Scheibenaufbau, sie sind heterochromatisch. Das X-Chromosom bei Männchen von *Drosophila* ist daher nur halb so dick wie die Autosomen, da es in den Riesenchromosomen unpaarig vorliegt und das Y-Chromosom nur aus einem kleinen, fast ganz heterochromatischen Gebilde besteht. Bei den meisten Drosophilaarten hängen die Riesenchromosomen mit ihren Spindelfaseransatzstellen in einem sogenannten Chromozentrum zusammen. Die Identifizierung bestimmter Querscheiben der Riesenchromosomen mit bestimmten Genen ist vor allem durch die Analyse von Anomalien im Chromosomenbau ermöglicht worden, die wir als Chromosomen-Aberrationen bezeichnen. Dabei wurde oft zuerst die Aberration cytologisch gefunden und dann durch die Auffindung einer entsprechenden Abänderung im Erbgang bestätigt und sehr oft zuerst ein abnormales Erbverhalten festgestellt, das dann in der Aufdeckung der entsprechenden cytologischen Anomalie seine Erklärung fand.

Chromosomen-Aberrationen. Durch Fehlleistungen im cytologischen Geschehen kann es zu verschiedenen Chromosomen-Aberrationen kommen, in denen die regelmäßige Struktur eines oder mehrerer Chromosomen gestört ist. Alle diese Aberrationen lassen sich bei *Drosophila* in den feinen Strukturen der Riesenchromosomen erkennen, da die enge Paarung der homologen Orte der beiden Chromosomen eines Paares jede Abweichung des einen Partners von der Chromomerenfolge des andern Partners deutlich erkennen läßt. Bei anderen Objekten kann man sie, wenn auch mit viel mehr Mühe und weniger deutlich, in den Vorstufen der Meiose bei der Paarung der homologen Chromosomen feststellen.

Deletionen oder Stückverluste eines Chromosoms können ein oder mehrere benachbarte Gene betreffen. Duplikationen sind Verdopplungen kleiner Chromosomenstücke, so daß eine bestimmte Abfolge von Genen nun zweimal hintereinander in einem Chromosom vorkommt. Ein Vorgang, durch den gleichzeitig in einem Chromosom eines homologen Paares eine Deletion, im andern eine Duplikation eintritt, ist ein Crossing-over an einer nicht streng homologen Stelle (Abb. 21).

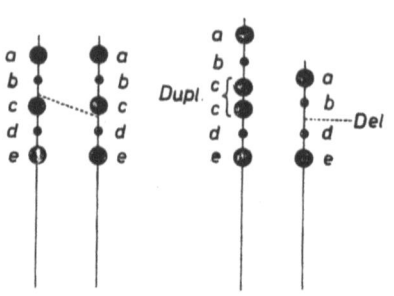

Abb. 21. Schema der Entstehung einer Duplikation und einer Deletion durch Stückaustausch an einer nicht-homologen Stelle.

Im Erbverhalten zeigen sich Deletionen im heterozygoten Zu-

Chromosomen-Aberrationen. 69

stand an bestimmten äußeren Merkmalen oder daran, daß ein sonst rezessives Allel, das in einem kompletten Chromosom an der Stelle liegt, die im andern Chromosom fehlt, in seiner Wirkung in Erscheinung tritt (Pseudodominanz). Im homozygoten Zustand sind Deletionen

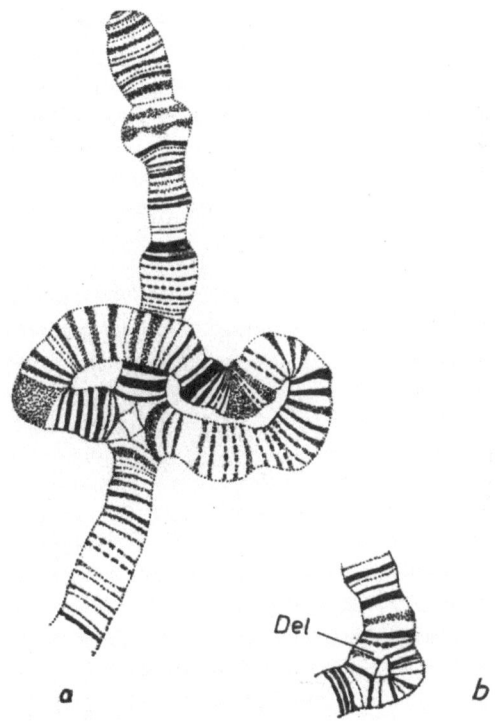

Abb. 22a. Das cytologische Bild einer Inversion (a) und einer Deletion (b) in den Riesenchromosomen von Drosophila. Nach *Painter*.

fast immer letal. Cytologisch zeigt sich die Deletion in den Riesenchromosomen dadurch, daß das komplette Chromosom eine kleine Schlinge an der Stelle bildet, wo dem defekten Chromosom die homologe Partie fehlt und wo es daher um ein Stückchen zu kurz ist (Abb. 22 a). Duplikationen wirken sich genetisch dadurch aus, daß die Wirksamkeit der im verdoppelten Stück gelegenen Gene verstärkt in Erscheinung tritt, besonders dann, wenn die Duplikation homozygot ist. Das Merkmal „Bar" (B) bei *Drosophila melanogaster* beruht auf einer kleinen Duplikation im X-Chromosom und drückt sich homozygot so aus, daß die Augen klein und bandförmig, im heterozygoten Zustand etwas kleiner als die normalen und nierenförmig sind. Diese verschiedene Augenform wird durch eine Herabsetzung der Zahl der Ommatidien im Facettenauge bewirkt. Durch eine Wiederholung der Duplikation kann die Stelle im X-Chromosom dreimal vertreten sein. Dies ist die Form „Ultrabar", die homozygot sehr, kleine, nur mehr aus wenigen Ommatidien bestehende Augen hat. Cytologisch drückt sich die Duplikation durch die Verdopplung einer bestimmten Serie von Querscheiben im Riesenchromosom aus.

Inversionen sind Umkehrungen eines Stückes innerhalb eines Chromosoms, die zur Folge haben, daß alle Gene dieses Stückes nun in der umgekehrten Reihenfolge verlaufen (Abb. 22b). Im Erbversuch machen sie sich im heterozygoten Zustand vor allem dadurch bemerkbar, daß alle Cross-over-Vorgänge im Gebiet der Inversion und in deren Nachbarschaft unterbleiben, daher die dort lokalisierten Gene nun auch im Weibchen absolute Koppelung zeigen. Man hat Inversionen daher, bevor man ihre wahre Natur erkannte, als „dominante Cross-over-Verhinderer" (C-Faktoren) bezeichnet und hat diese Schreibung aus praktischen Gründen teilweise beibehalten. Im Laboratorium viel verwendete Stämme von *Drosophila* haben die Konstitution C l B/+, d. h. sie sind in den Weibchen heterozygot, indem einem normalen X-Chromosom (+) ein anderes gegenübersteht, das einen rezessiven Letalfaktor l besitzt und eine längere Inversion C, die den Austausch im X-Chromosom vollkommen unterdrückt, und das weiterhin noch durch die Duplikation Bar markiert und daher im heterozygoten Zustand an der Augenform zu erkennen ist. Diese Weibchen haben nur die halbe Anzahl von Söhnen, nämlich die mit dem normalen

X-Chromosom. Die C1B-Söhne sind wegen des Letalfaktors nicht lebensfähig. Die halben Töchter sind wieder heterozygot in C1B, die halben Töchter normal. C1B-Weibchen lassen sich mit Vorteil dazu verwenden, um X-Chromosomen eines beliebigen Stammes, z. B. nach bestimmter

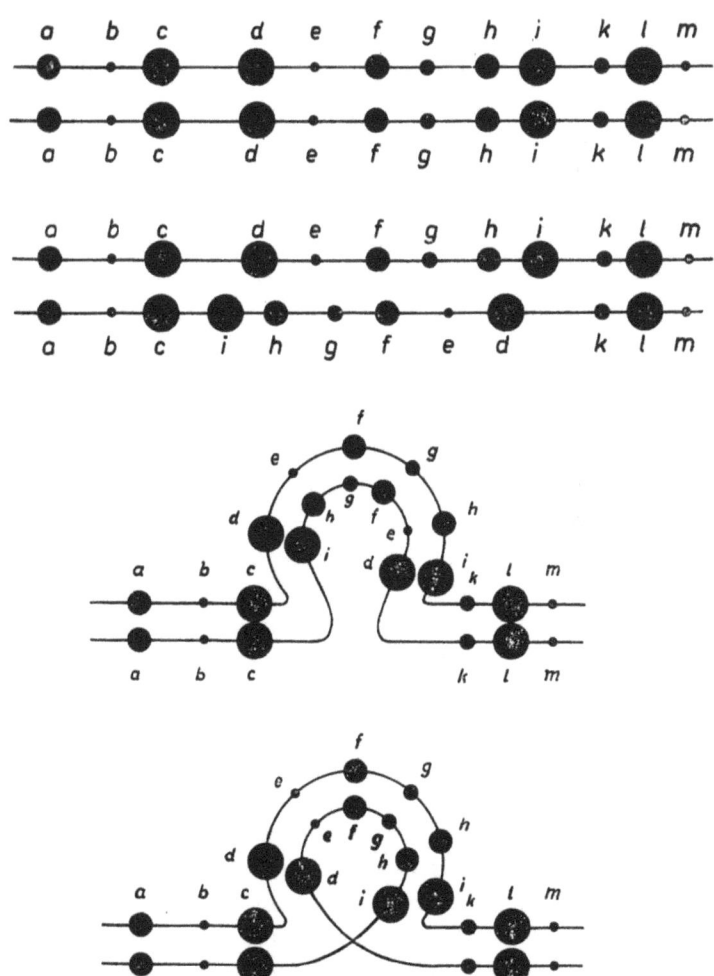

Abb. 22b. Schema der Entstehung einer Inversionsschlinge in den Riesenchromosomen von Drosophila. Modifiziert nach *White*.

Vorbehandlung der Spermien, auf ihr erbliches Verhalten hin zu prüfen. Kreuzt man ein ClB-Weibchen mit einem zu prüfenden Männchen, so haben die ClB-Töchter neben dem ClB-Chromosom von der Mutter das zu prüfende X-Chromosom vom Vater und dessen Eigentümlichkeiten treten daher bei allen ihren Söhnen ausschließlich auf. Enthält dieses X-Chromosom z. B. einen rezessiven Letalfaktor, dann haben diese ClB-Weibchen gar keine Söhne, da nun auch die andere Hälfte ihrer Söhne nicht lebensfähig ist. Bei diesen Versuchen bietet die Inversion den Vorteil, in den Weibchen den Stückaustausch mit dem zu prüfenden X-Chromosom zu verhindern. Cytologisch erkennt man eine Inversion in den heterozygoten Larven an dem charakteristischen Verhalten der Riesenchromosomen. Da die gewöhnliche Paarung der Riesenchromosomen im ganzen invertierten Gebiet daran scheitert, daß die homologen Genorte einander nicht gegenüberliegen, entstehen Doppelschlingen der Art, daß durch die Paarungsaffinität der homologen Orte die Schlinge des einen Chromosoms eine Drehung um 180° vollführt und dadurch die homologen Orte zur Paarung gebracht werden (Abb. 22a u. b).

Translokationen sind Verlagerungen von Chromosomenstücken an ein nichthomologes Chromosom und können einseitig verlaufen, indem das Endstück eines Chromosoms sich an ein komplettes, nicht-homologes Chromosom anheftet oder reziprok, indem ein Stückaustausch zwischen nichthomologen Chromosomen stattfindet. Dieser Vorgang darf nicht etwa mit dem normalen Crossing-over verwechselt werden, das nur zwischen den homologen Chromosomen eines Paares sich abspielt und wobei gleichwertige homologe Abschnitte ausgetauscht werden, während bei einer reziproken Translokation die ausgetauschten Stücke durchwegs verschiedenwertig, nichthomolog sind. Genetisch erkennt man die Translokation neben anderen, später zu besprechenden Merkmalen daran, daß die ganze Gruppe von Genen des translozierten Stückes jetzt einer andern, fremden Koppelungsgruppe angehört. Durch die Translokation ist übrigens auch ein direkter Beweis dafür zu liefern, daß das normale Cross-over zwischen homologen Chromosomen auf einem wirklichen Stückaustausch beruht. Denn ist genetisch ein einfacher Austausch in einem solchen Chromosomenpaar eingetreten, in dem ein Chromosom eine endständige Translokation getragen hat, dann ist dieses translozierte Stück mit auf das andere Chromosom des homologen Paares gewandert. Cytologisch lassen sich größere Translokationen an der geänderten Form der Metaphase-Chromosomen der gewöhnlichen Mitosen feststellen und außerdem an den Riesenchromosomen, die nun in dem Bestreben, die homologen Orte zur Paarung zu bringen, kreuzförmige Verbindungen zwischen nicht-homologen Chromosomen ausbilden und auf diese Weise die reziprok translozierten Stücke homolog paaren.

Reale Chromosomenkarten. Durch die genaue genetische und cytologische Analyse von zahlreichen Chromosomen-Aberrationen ist es gelungen, für *Drosophila* die Zuordnung vieler Gene der theoretischen Chromosomenkarten zu ganz bestimmten Querscheiben der Riesenchromosomen und damit zu bestimmten Chromomeren vorzunehmen und auf diese Weise reale Genkarten aufzustellen. Es hat sich dabei gezeigt, daß die Reihenfolge der Gene auf den theoretischen Chromosomenkarten reell ist,

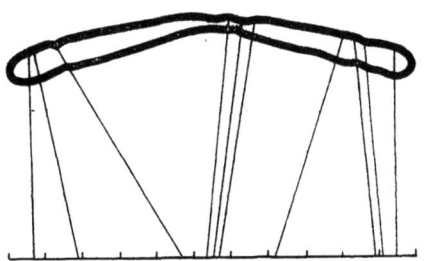

Abb. 23. Schematischer Vergleich zwischen der realen (oben) und der theoretischen (unten) Chromosomenkarte des II-Chromosoms von Drosophila. Nach *Muller* und *Painter*.

daß aber ihre relativen Abstände nicht immer denen der theoretischen Karte entsprechen (Abb. 23). Dies ist darauf zurückzuführen, daß die Austauschwerte, die der Konstruktion der theoretischen Karte zugrunde liegen, nicht nur von der linearen Distanz der Gene, sondern auch von der verschiedenen Bruchfestigkeit der einzelnen Chromosomenabschnitte abhängen.

Die Ausführungen dieses Kapitels haben gezeigt, daß wir heute das Gen nicht nur als Spaltungseinheit, sondern auch als L o k a l i s a t i o n s e i n h e i t sehr genau definieren können.

Die Mutation.

Wir haben bisher mit Absicht die Frage umgangen, woher die vielen verschiedenen Erbrassen stammen, mit denen die Erbanalyse arbeitet und in welchen Beziehungen die verschiedenen Erbanlagen zueinander stehen, deren Existenz im Kreuzungsversuch nachweisbar ist und deren materielle Äquivalente als Gene in den Chromosomen lokalisiert werden können. In dieser Lage befand sich ja der Mensch in der vorwissenschaftlichen Zeit und auch im Beginn der wissenschaftlichen Vererbungsforschung. Im Material der vom Menschen kultivierten Pflanzen und Tiere, aber auch in der Natur wurden die verschiedensten Erbrassen einer Art zufällig aufgefunden und zu den Versuchen verwendet. Doch schon vor der Wiederentdeckung der *Mendel*schen Regeln wurde vielfach die Entstehung neuer Erbrassen durch das plötzliche, diskontinuierliche Auftreten einer erblichen Änderung unmittelbar beobachtet. Für diese Vorgänge schuf *de Vries* den Begriff Mutation. Die Mutation tritt sprunghaft auf, zeigt sofort die volle charakteristische Ausbildung des neuen Erbmerkmals und die Mutante, wie man die durch eine Mutation entstandene Erbrasse nennt, bleibt bei Inzucht in diesem Merkmal konstant, so lange, bis wieder eine Mutation eine Änderung bringt.

Das genauere Studium der für Erbversuche geeigneten tierischen und pflanzlichen Objekte lehrte uns den Mutationsvorgang genau kennen und zeigte, daß die spontane Mutabilität eine regelmäßige Eigenschaft der Gene ist. Erbanlagen, die sich im Kreuzungsversuch als Allele erweisen, also in eine Kreuzung eingebracht, nach dem monohybriden *Mendel*-Schema spalten, sind Zustandsformen ein und desselben Gens und können durch Mutation ineinander übergehen. Wir hörten ja schon im vorigen Kapitel, daß Allele als Lokalisationseinheiten identisch sind, d. h., daß die Gene für allelomorphe Eigenschaften an der gleichen homologen Stelle des Chromosoms, im gleichen Chromomer liegen. Die Mutation ist eine Zustandsänderung eines Gens, die seine Lokalisation nicht berührt und auch cytologisch nicht erkannt werden kann. An dem Aussehen und dem cytologischen Verhalten des Chromomers wird durch die Mutation nichts geändert, wohl aber an seiner Erbwirkung. Die echten Mutationen sind Gen- oder Punktmutationen. Man hat vielfach den Begriff der Mutation weiter gefaßt und die durch Chromosomen-Aberrationen bewirkten erblichen Änderungen als Chromosomen-Mutationen und die später zu besprechenden Änderungen der Chromosomenzahl als Genom-Mutationen bezeichnet, doch erscheint mir diese weite Fassung des Begriffes nicht günstig.

Ort und Zeitpunkt der Mutation. Die Mutation eines Gens kann in jeder beliebigen Zelle und zu jedem beliebigen Zeitpunkt eintreten. Sie scheint nicht oder nicht wesentlich abhängig zu sein von der Zellen-, Individuen- und Generationsfolge und von dem physiologischen Zustand, in dem sich eine Zelle befindet, oder von dem Grad ihrer morphologischen Differenzierung. Gewisse Mutationen scheinen vorwiegend in der Reifungsperiode der Gameten aufzutreten, andere mehr in somatischem Gewebe. Auf die Nachkommen wird ein mutiertes Gen natürlich nur dann übertragen, wenn die Mutation in einer Geschlechtszelle stattgefunden hat oder bei Tieren in der Keimbahn oder bei Pflanzen in einer Zelle jener Meristemschicht, aus der sich die Geschlechtsorgane der Blüten bilden. Mutationen im übrigen Körpergewebe, die somatischen Mutationen, betreffen nur die Zelle, in der sie stattgefunden haben, und alle Zellen, die in der Individualentwicklung aus ihr hervorgehen. Wenn eine somatische Mutation während der Embryonalentwicklung in einer Zelle stattgefunden hat, dann kommt es zur Ausbildung von genotypisch vom übrigen Gewebe unterschiedenen Mosaikflecken. Bei Pflanzen kann, wenn diese Zelle zum Ausgangspunkt eines Seiten- oder Adventivsprosses wird, ein mutierter Sproß entstehen, der nun durch seine Blüten das mutierte Gen auch auf die Nachkommen überträgt („Vegetative Spaltung"). Wenn in einem diploiden Chromosomensatz ein Gen mutiert, so wird das homologe Gen des andern Chromosoms davon nicht berührt. Somatische Mutationen werden daher bei diploiden Organismen nur dann sichtbar in Erscheinung treten, wenn sie gegenüber dem Normalallel dominant sind oder wenn das Individuum in dem rezessiven Allel bereits heterozygot war.

Mutation und Umwelt. Von allen Umweltsbedingungen, deren Schwankungen ein Organismus normaler Weise ausgesetzt sein kann, ist die Temperatur die einzige, die einen gesicherten Einfluß auf das Mutationsgeschehen hat. Die Häufigkeit der Mutationen steigt mit der Temperatur ungefähr nach der *van t' Hoff*schen Regel. Bei Erhöhung um 10° (innerhalb der physiologisch tragbaren Grenzen) tritt eine drei- bis fünffache Erhöhung der Mutationsrate ein. Für andere Umweltbedingungen konnte ein gesicherter Einfluß auf die Mutabilität bisher nicht gefunden werden. Dagegen entdeckte *H. J. Muller* im Jahre 1927, daß Röntgenstrahlen und andere ionisierende Strahlen einen sehr starken Einfluß auf das Mutationsgeschehen von *Drosophila* haben. Durch Bestrahlung läßt sich die spontane Mutationsrate auf das über hundertfünfzigfache steigern. Es werden dabei im wesentlichen die gleichen Mutationen ausgelöst, die auch spontan entstehen. Viele Mutationen, die zunächst nur als Röntgen-Mutanten bekannt waren, hat man später auch als Spontan-Mutanten gefunden. Nur die Frequenz des Mutationsvorgangs ist bedeutend gesteigert. Inzwischen ist die Auslösung von Mutationen durch Röntgenstrahlen in zahllosen ausgedehnten Versuchen an den verschiedensten Tier- und Pflanzenarten, auch an Mikroorganismen, bestätigt worden. Die Strahlengenetik ist zum modernsten und aussichtsreichsten Gebiet der Vererbungsforschung geworden. Es sei hier betont, daß es trotz vieler Bemühungen in dieser Richtung nicht gelungen ist, durch irgendwelche Einflüsse b e - s t i m m t e Mutationen, also ein gerichtetes Mutieren auszulösen, besonders nicht in dem Sinn, daß die neue Erbeigenschaft in irgendeiner physiologischen Beziehung zu dem mutationsauslösenden Reiz stehen würde.

Qualität der Mutabilität. Wir erwähnten bereits die Erscheinung der multiplen Allelie, die viel verbreiteter ist, als man ursprünglich dachte. Von vielen Genen der gut bekannten Objekte sind mehrere durch Mutation entstandene Allele bekanntgeworden, die zusammen mit dem für den Standardtyp oder die Wildform des betreffenden Organismus charakteristischen „Normalallel" eine multiple Allelserie bilden. Die Anzahl der Allele ist für verschiedene Gene verschieden groß, aber jedenfalls immer eine begrenzte Zahl und es gibt in jeder Allelserie offenbar nur ganz bestimmte diskrete Allele, zwischen denen die Mutation möglich ist, also nur eine bestimmte Zahl von Freiheitsgraden der Mutabilität. Das Normalallel der Wildform ist meist dominant über die anderen Allele der Serie, doch kommt auch das Umgekehrte vor. Alle Allele einer Serie können durch Mutation aus dem Normalallel hervorgehen, sie können durch Rückmutation in das Normalallel zurückkehren oder durch Mutation ineinander übergehen. Für die multiple Allelserie von *Drosophila melanogaster:* Normale Augenfarbe (W), blutrote Augen (w^{bl}), gelbrote Augen (w^e), hellgelbe Augen (w^{bf}) und weiße Augen (w) ist dies schematisch in Abb. 24 dargestellt. Durch jede Mutation eines Gens wird eine erbliche Eigenschaft des Organismus (oder besser: seine erbliche Reaktionsnorm) quantitativ oder qualitativ geändert, oft sind diese Änderungen morphologisch auffallend und scharf von der Normalform abzugrenzen, oft sind die Unterschiede geringfügig und überschneiden sich mit der Variationsbreite der Normalform. Oft sind die durch Mutation bewirkten erblichen Änderungen überhaupt morphologisch nicht sichtbar, sondern äußern sich nur physiologisch. Sehr häufig sind sogenannte Kleinmutanten, die sich erblich in so geringfügigen Änderungen des physiologischen Verhaltens, der Vitalität, der Fertilität, der Resistenz gegen Schädigungen oder ähnliches unterscheiden, daß sie sich im gewöhnlichen Kreuzungsversuch nicht voneinander trennen lassen. Durch die Ausarbeitung spezieller Methoden konnte die große Häufigkeit solcher Mutationen erwiesen werden. Häufig sind die Mutationen, die sich als rezessive Letalfaktoren äußern. Es gibt viele Normalallele, von denen wir keine andere Mutation als diese homozygot letal wirkende kennen. Aber auch andere, von denen wir ein Allel mit einer bestimmten Erbwirkung kennen und ein anderes als Letalfaktor. Daß diese Letalfaktoren nicht einfach Genverluste oder Genzerstörungen sind, zeigt die Tatsache, daß ihre Rückmutation in das Normalallel beobachtet worden ist. Es gibt Mutationen zu subletalen Allelen, die den Organismus auf einer bestimmten Altersstufe unter bestimmten Symptomen töten. Es gibt Mutationen zu Allelen, die heterozygot eine bestimmte sichtbare Änderung bewirken, homozygot aber letal sind. Endlich gibt es Mutationen von Genen, die selbst keine sichtbare Wirkung entfalten, sondern sich nur als „Modifikationsfaktoren" auf die Entfaltung anderer Genwirkungen, z. B. deren Dominanzverhältnisse auswirken. Ja, es gibt sogar Gene, durch deren Muta-

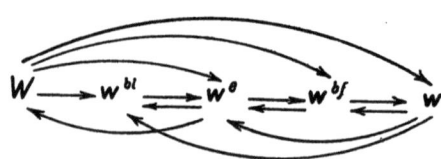

Abb. 24. Schema der beobachteten Mutations- und Rückmutationsschritte innerhalb der white-Allelserie von Drosophila melanogaster.

tion die Mutationsneigung aller anderen Gene verändert wird, und solche, die auf das Crossing-over oder andere chromosomale Vorgänge Einfluß haben.

Quantität der Mutabilität. Im allgemeinen ist die spontane Mutation ein seltenes Ereignis. Die Gene zeigen eine relativ hohe Stabilität. Es gibt Gene von höherer und von geringerer Stabilität. So wurden beim Mais die folgenden Mutationsraten für bestimmte Gene gemessen:

Gen	Zahl der geprüften Gameten	Zahl der Mutationen	Mutationsrate in %
R	554 786	273	0,0492 %
I	265 391	28	0,0106 %
Pr	647 102	7	0,0011 %
Y	1 745 280	4	0,0002 %
Sh	2 469 285	3	0,0001 %

Die spontane Mutationsrate für die Summe aller Gene der Wildform von *Drosophila melanogaster* ist etwa 1 % für die deutlich sichtbaren und die letalen Mutationen, etwa 2 bis 3 %, wenn man auch die Kleinmutationen schätzungsweise einbezieht. Für die einzelnen Normalgene von *Drosophila* ist die spontane Mutationsrate durchschnittlich 0,0001 %, mit Schwankungen zwischen 0,005 bis 0,00001 % für die einzelnen Gene. Die durchschnittliche „Lebensdauer" eines bestimmten Gens, d. h. seine durchschnittliche Erwartung, ohne Mutationsereignis zu persistieren, kann man daher bei *Drosophila* mit 100 000 Jahren veranschlagen. Es wird durch etwa eine Million Individualgenerationen weitergegeben, bevor es durchschnittlich einmal von einer Mutation betroffen wird. Es spricht vieles dafür, daß die durchschnittliche spontane Mutationsrate bei allen Tieren und Pflanzen und auch beim Menschen ungefähr in der gleichen Größenordnung liegt. Durch ionisierende Strahlungen können diese Werte bis über hundertfach erhöht werden. Die Rate für die Hin- und Rückmutation ist meistens nicht gleich, in der Regel ist die Mutation häufiger als die Rückmutation zum Normalallel, doch kommt auch das umgekehrte Verhältnis vor. Einige Zahlen für *Drosophila melanogaster* gibt die nachstehende Tabelle (Zahlen aus Röntgenversuchen).

Allelpaare	Hinmutationen		Rückmutationen	
	Zahl der Gameten	Zahl der Mutationen	Zahl der Gameten	Zahl der Mutationen
W $\rightleftarrows$ w	106 500	43	71 000	0
W $\rightleftarrows$ w^e	106 500	10	89 500	3
F $\rightleftarrows$ f	4 300	11	44 000	15
P $\rightleftarrows$ p	67 500	1	63 500	10

In den genauer untersuchten Fällen hat es sich gezeigt, daß innerhalb einer Allelserie die verschiedenen möglichen Mutationsschritte eine verschieden hohe Wahrscheinlichkeit haben. Manche sind sehr häufig, manche sehr selten, manche noch nie beobachtet worden. Bestimmte Mutationsschritte in bestimmten Richtungen innerhalb einer Allelserie haben also verschieden hohe spontane oder strahleninduzierte Mutationsraten, die konstante Werte sind. Unter den mutierten Genen findet man viel labilere Allele als unter den Normalgenen, darunter manche sehr labile mit spontanen Mutationsraten weit über 1 %. Die folgende Tabelle über das Verhalten von zwei Allelen aus einer multiplen Serie für die Blütenform von *Antirrhinum* gibt dafür ein Beispiel. Cyc ist das dominante Normalallel und bewirkt die normale zygomorphe Blütenform, cyc^{rad} usw. sind Allele, die mehr oder weniger radiäre Blütenformen bewirken.

Allel der Elternpflanze	Allele in der F$_1$-Generation nach Selbstung				
	cyc^{rad}	cyc^{hem}	cyc^{neohem}	cyc^{subnorm}	Cyc
cyc^{rad}	76 %	12 %	5 %	6 %	1 %
cyc^{hem}	41 %	34 %	1 %	16 %	8 %

Hochgradig labile Allele mutieren innerhalb eines Individuums wiederholt somatisch, so daß solche Individuen stets genotypische Mosaike sind.

Strahlengenetik. Die weitere Ausgestaltung der Entdeckung *H. J. Mullers*, besonders durch *N. W. Timoféeff-Ressovsky* hat, z. T. durch die Zusammenarbeit von Biologen und Physikern, zu erstaunlichen Erfolgen geführt, die geeignet sind, die wichtigsten Grundfragen der Biologie weitgehend zu klären. Nicht nur Röntgenstrahlen verschiedener Härte, die harten γ-Strahlen des radioaktiven Zerfalles, die weichen Grenzstrahlen und ultraviolettes Licht vermögen Mutationen auszulösen, auch Korpuskularstrahlen, wie die α- und β-Strahlen des Radiums, Kathodenstrahlen und Neutronenstrahlen. Allen diesen Strahlungen ist es gemeinsam, daß sie in der durchstrahlten Materie Ionisationen auslösen. Die Wirkungsdosis wird in r-Einheiten angegeben, wobei 1 r einer Strahlungsmenge entspricht, die bei 0° und normalem Druck in der Ionisationskammer eine Leitfähigkeit erzeugt, die einer Ladung von 1 elektrostatischen Einheit bei Sättigungsstrom entspricht. In strahlengenetischen Versuchen werden meist reife Geschlechtszellen bestrahlt, z. B. die Männchen von *Drosophila,* die eine große Menge reifer Spermien besitzen, oder der Pollen von Pflanzen, da man dann die volle Ausbeute der ausgelösten Mutationen in den Nachkommen mit geeigneten Methoden erfassen kann. In geeigneten Versuchsanordnungen läßt sich jedoch auch zeigen, daß Mutationen in jedem Entwicklungsstadium der Keimbahn und im Körpergewebe ausgelöst werden. Die mutationsauslösende Wirkung der Bestrahlung ist eine direkte, d. h. sie bezieht sich nur auf jene Zellen, die von der Strahlung wirklich getroffen werden, und sie ist eine aktuelle, sie tritt nur im Augenblick der Strahlenwirkung ein. Bestrahlte X-Chromosomen von *Drosophila,* in denen während der Bestrahlung keine Mutationen aufgetreten waren, zeigen später keine andere als die normale spontane Mutationsrate. Unbestrahlte Chromosomen zeigen, durch geeignete Kreuzungsversuche in bestrahltes Plasma gebracht, keine Erhöhung der Mutationsrate. Wenn man während der Bestrahlung die Gonaden abschirmt, erhält man trotz Bestrahlung des Körpers keine erhöhte Mutationsrate unter den Nachkommen. Temperaturunterschiede während der Bestrahlung ändern die Mutationsrate nicht in höherem Maß, als dies die Temperatur auch sonst tut. Dagegen bewirkt bei *Drosophila* eine vorherige Imprägnation der inneren Organe mit Schwermetallsalzen eine Erhöhung der durch Strahlung ausgelösten Mutationsrate, da dadurch die Strahlen stärker absorbiert werden.

Strahlungsdosis und Mutationsrate. Es hat sich die überaus wichtige und grundlegende Gesetzlichkeit herausgestellt, daß die durch die Bestrahlung ausgelöste Mutationsrate zu der Strahlungsdosis, gemessen in r, in einer streng linearen, direkten Proportionalität steht. Wenn man die spontane Mutationsrate subtrahiert, beginnt die Proportionalitätskurve im o-Punkt des Koordinatensystems und verläuft als Gerade (Abb. 25). Dadurch, daß bei Dosen über 5000 r bei den meisten Objekten die Fruchtbarkeit sehr stark vermindert ist, ist diesen Versuchen nach oben eine natürliche Grenze gesetzt. Die direkte Dosisproportionalität wurde an *Drosophila* in zahlreichen umfangreichen Versuchen für die Gesamtmutationsrate, für die geschlechtsgebundenen Gene des X-

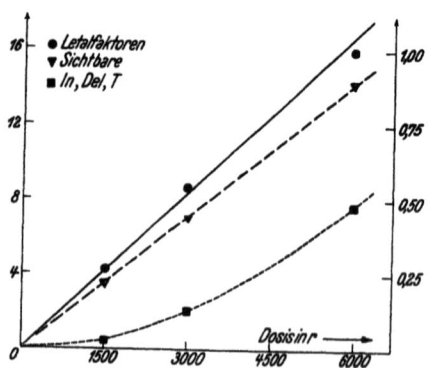

Abb. 25. Graphische Darstellung der Röntgendosisproportionalität der letalen und sichtbaren geschlechtsgebundenen Mutationen sowie der Aberrationen des X-Chromosoms (Inversionen, Deletionen und Translokationen) bei Drosophila melanogaster. Links die Mutationsrate für Letalfaktoren und die Aberrationsrate in %, rechts die Mutationsrate für sichtbare Mutationen in %. Nach *Timoféeff-Ressovsky*.

Strahlungsdosis und Mutationsrate. 83

Chromosoms, für die Letalfaktoren, aber auch für bestimmte Mutationsschritte einzelner Gene statistisch gesichert festgestellt. Sie wurde aber auch bei zahlreichen anderen Tier- und Pflanzenarten und bei Mikroorganismen gefunden. Die lineare Dosisproportionalität gilt unabhängig vom Zeitfaktor, d. h. es ist gleich, ob eine bestimmte Strahlenmenge auf einmal in kurzer Zeit durch eine starke Bestrahlung verabreicht wurde oder ob die gleiche Dosis fraktioniert in mehreren kürzeren Bestrahlungen mit dazwischen liegenden Pausen oder ob sie verdünnt in längerer Zeit durch eine schwache Bestrahlung oder ob sie fraktioniert und verdünnt verabreicht wurde. Dies ist ein für biologische Reaktionen ganz neuartiger Tatbestand. Prüft man sonst die Beziehungen zwischen äußeren physikalischen oder chemischen Einwirkungen und biologischen Vorgängen, z. B. die Beziehungen zwischen Temperatur und Zellatmung, zwischen Licht und Phototaxis oder auch biologische Strahlenwirkungen, z. B. die Entstehung eines Haut-Erythems durch Röntgenstrahlung, so ergeben sich stets kompliziertere Gesetzlichkeiten. Es gibt eine untere Schwelle, unterhalb derer keine Reaktion erfolgt (z. B. die „Erythem-Dosis" bei Röntgenstrahlen), es kommt nicht zur Summation unterschwelliger Reize, der Zeitfaktor spielt stets eine Rolle, der Kurvenverlauf ist nicht linear, oft findet man die sogenannte Optimumkurve. In allen diesen Fällen handelt es sich um die Antwort eines komplizierten biologischen Systems auf den äußeren Reiz, eines Systems, das die Reizwirkung sozusagen gepuffert auffängt und auf den Versuch der Änderung seines Zustandes mit sofort einsetzenden Restitutionsprozessen antwortet. Daher bleiben geringe Reizmengen unterschwellig, ein einmal erzeugtes Erythem klingt wieder ab, zwischen einem dauernden Reiz und dem System stellt sich ein neues Gleichgewicht her. Bei der Mutationsauslösung aber liegt ein ganz anderes Verhalten vor, wie wir es bei biologischen Reaktionen sonst niemals beobachten. Die Mutationen entstehen mit einer linear dosisproportionalen

Häufigkeit, ein Gen mutiert entweder oder es mutiert nicht, etwas Drittes gibt es nicht. Wenn es aber einmal mutiert hat, dann bleibt es in diesem mutierten Zustand, dessen Stabilität wieder lediglich von der für dieses Allel charakteristischen Mutationsrate abhängt, aber keinesfalls von seiner Vergangenheit, also nicht von dem Zeitpunkt, in dem es zum letzten Mal mutiert hat.

Die lineare Dosisproportionalität gilt — und das ist sehr wesentlich — auch unabhängig von der Wellenlänge der verwendeten Strahlung. Von den harten γ-Strahlen bis zu den weichen Grenzstrahlen kommt es nur auf die verabreichte Gesamtdosis, gemessen in r, an, d. h. also auf die Zahl der ausgelösten Ionisationen, nicht aber auf die Energie des einzelnen Quant. Dies gilt auch für die Korpuskularstrahlungen, soweit deren Wirkung aus technischen Gründen dosismäßig vergleichbar ist.

Das Molekülmodell des Gens. Zunächst einiges über die physikalischen Vorgänge in durchstrahlter Materie. Die Energieabgabe aus der Strahlung erfolgt diskontinuierlich in je nach der Wellenlänge energiereicheren oder energieärmeren Photonen. Bei der Absorption von Photonen entstehen schnelle Sekundärelektronen, die längs ihrer Bahn Ionisationen in verschiedener Zahl und Dichte erzeugen, je nach ihrem Energiegehalt (Abb. 26). Bei Absorption von sehr harter Strahlung entstehen schnelle *Compton*elektronen von hohem Energiegehalt, mit großer Reichweite, mit sehr zahlreichen, aber schütter verteilten Ionisationen entlang ihrer Bahn und außerdem ein abgelenkter Strahl von größerer Wellenlänge *(Compton*-Effekt). Bei Röntgenstrahlung von mittlerer Härte entstehen zum Teil *Compton*elektronen von geringerer Reichweite, zum Teil Photoelektronen ohne *Compton*-Effekt, bei den weichen Grenzstrahlen entstehen nur Photoelektronen mit geringer Reichweite und viel weniger, aber dichter aufeinander folgenden Ionisationen entlang ihrer Bahn. Da die Auslösung einer Mutation eine wohl definierte Einheit einer biologischen Reaktion ist, kann man

Das Molekülmodell des Gens. 85

nun die Frage stellen, in welcher Beziehung dieser diskontinuierliche Akt zu den eben geschilderten Vorgängen physikalischer Art steht. Wenn man diese Vorgänge als „Treffer" definiert, erhebt sich zunächst die Frage, wie viel Treffer notwendig sind, um eine Mutation auszulösen. Bei Trefferereignissen hängt die Form der Dosisproportionalitäts-Kurve von der Zahl der pro Reaktionseinheit benötigten Treffer ab. Die allgemeine Reaktionsformel für physikalische Strahlenwirkungen geht nur dann in die Formel der

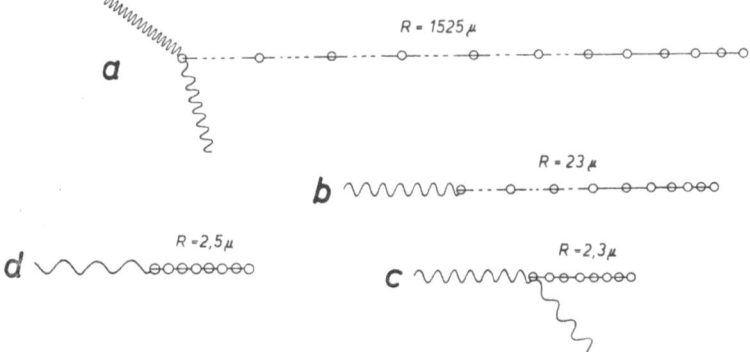

Abb. 26. Schema der Elementarvorgänge in durchstrahlter Materie. a) γ-Strahlen (100 % Comptonelektronen). b) und c) Röntgenstrahlen von 50 kV Spannung (75 % Photoelektronen, 25 % Comptonelektronen). d) Grenzstrahlen von 10 kV Spannung (100 % Photoelektronen). R mittlere Reichweite der Sekundärelektronen. Die Kreise bezeichnen Ionisationen, bzw. Atomanregungen. Nach *Timoféeff-Ressovsky* und *Zimmer*.

linearen Dosisproportionalität über, wenn eine Reaktionseinheit durch einen Treffer ausgelöst wird. Die Genmutation ist also eindeutig ein Eintreffereignis. Weiters erhebt sich die Frage nach der Art des Treffers, der eine Mutation auslöst. Dafür kommen drei verschiedene physikalische Ereignisse in Betracht (Abb. 27): 1. die Absorption eines ganzen Photons, 2. der Durchtritt eines Sekundärelektrons durch ein bestimmtes Volumen, in dem mehrere Ionisationen liegen, 3. eine einzige Ionisation. Hier gestattet uns die Wellenlängenunabhängigkeit der mutationsauslösenden Wirkung eine Entscheidung zwischen diesen drei Möglichkeiten. Im Fall 1 müßten bei gleicher Dosis, gemessen in r, bei harter Strahlung weniger Photonen wirksam werden als bei weicher Strahlung, es müßte also die weiche Strahlung eine stärkere Wirkung haben. Im Fall 2 müßten auch Unterschiede in der Wirkung von harter und weicher Strahlung

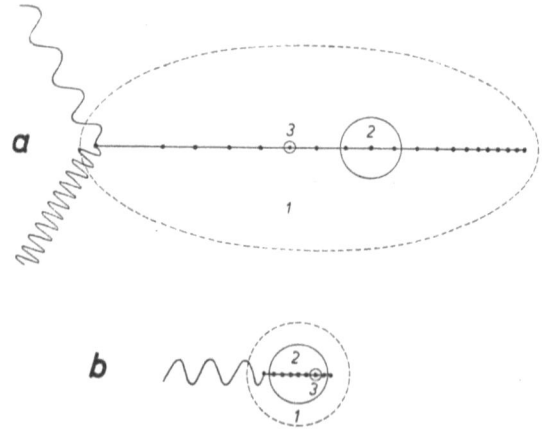

Abb. 27. Schema zur Treffertheorie der Mutationsauslösung bei a) kurzwelliger und b) langwelliger Strahlung. 1. Der Treffer besteht in der Absorption der gesamten Energie eines Photons. 2. Der Treffer besteht im Durchtritt eines Sekundärelektrons durch ein bestimmtes Volumen. 3. Der Treffer besteht in einer einzigen Ionisation.
Nach *Timoféeff-Ressovsky*.

von gleicher r-Dosis zu bemerken sein, da in einem bestimmten Volumen die harte Strahlung weniger Ionisationen auslöst als die weiche. Nur im Fall 3 wird die lineare Dosisproportionalität bei allen Wellenlängen gewahrt bleiben. Die einzelne Mutation wird also durch eine einzige Ionisation ausgelöst, sie ist ein Elementarereignis.

Die Treffertheorie der Strahlenwirkung gestattet uns die Berechnung der Größe des Treffbereichs, innerhalb dessen eine Ionisation stattfinden muß, um eine Mutation auszulösen. Aus umfangreichen Versuchen wurden für bestimmte

Das Molekülmodell des Gens. 87

Mutationsschritte verschiedener Gene von *Drosophila* die Mutationskonstanten berechnet, d. h. die Wahrscheinlichkeit für den Eintritt dieser Mutation nach Bestrahlung mit 1 r. Da man die Dichte der Materie, d. h. die ungefähre Zahl der Atome pro cm³ der organischen Substanz kennt, kann man die Anzahl der Atome im kritischen Treffbereich daraus berechnen.

Mutationen	Mutationskonstanten	Zahl der Atome im Treffbereich
W → wᵉ	2,6 · 10⁻⁸	650
wᵉ → w	0,8 · 10⁻⁸	200
M → m	2,4 · 10⁻⁸	600
m → M	1,0 · 10⁻³	250
F → f	6,6 · 10⁻⁸	1650
f → F	2,4 · 10⁻⁸	600

Hiezu ist zu bemerken, daß diese Größen zwischen 200 und 2000 Atomen die Minimalgrößen für den Treffbereich darstellen. Denn sie sind unter der Voraussetzung berechnet, daß jede Ionisation im Treffbereich wirklich eine Mutation auslöst, also für absolute Ionisationsausbeute. Aus den Erfahrungen der Photochemie müssen wir aber schließen, daß dies nicht immer der Fall ist, so daß der Treffbereich größer anzunehmen ist. Jedenfalls liegt er in der Größenordnung großer Moleküle. Wir können diesen kritischen Treffbereich nicht unmittelbar der realen Gengröße gleichsetzen, denn das Gen kann größer sein als der Bereich, in dem sich die für das Gen möglichen Mutationen abspielen. Es kann aber auch kleiner sein, wenn wir annehmen, daß auch eine Ionisation in unmittelbarer Nähe des Gens eine Mutation auslösen kann. Die Chromomeren, die wir in den Chromosomen mikroskopisch sehen und als materielle Äquivalente den Genen zuordnen können, sind jedenfalls größer als die größten Moleküle und zwischen dem Molekülmodell des Gens und seinem sichtbaren Äquivalent besteht vorläufig noch eine Kluft, an deren Überbrückung die biophysikalische und biochemische Forschung eifrig arbeiten. Trotz dieser Bedenken hat die Vorstellung vom Gen als Molekül sehr viel Wahrscheinlichkeit für sich und erweist sich außerdem als heuristisch so wertvoll, daß wir an ihr unbedingt festhalten. Nach dieser Vorstellung wird durch eine Ionisation eine Strukturänderung in dem bestimmten Atomverband des Gens bewirkt, die Mutation ist also eine monomolekulare Reaktion.

Die Molekülvorstellung vom Gen bewährt sich bei verschiedenen Versuchen, die der Nachprüfung der Treffertheorie dienen. Bei Bestrahlung mit bewegten Neutronen entstehen aus dem Wasserstoff Rückstoßprotonen, die entlang ihrer Bahn eine außerordentlich dichte Folge von Ionisationen auslösen. Infolge dieser extremen Dichte müssen mehrere Ionisationen innerhalb eines kritischen Treffbereichs von bestimmter Größe fallen und so nutzlos verloren gehen, es muß also ein Sättigungseffekt eintreten. Tatsächlich findet man, daß bei Neutronenbestrahlung die Mutationsausbeute um 40 % geringer ist als bei r-äquivalenter Röntgenbestrahlung. Man hat aus verschiedenen Versuchen dieser Art einen Überschneidungsfaktor berechnet, der es uns gestattet, die Größe des kritischen Treffbereichs als $v = 2{,}83 \cdot 10^{-20}$ cm^3 zu berechnen. Es ist eine schöne Bestätigung der Theorie, daß diese Größenordnung die gleiche ist, wie die aus den Mutationskonstanten berechnete. Eine weitere Probe besteht darin, daß man aus der Gesamtmutationsrate aller geschlechtsgebundenen Gene von *Drosophila* bei einer bestimmten Strahlungsdosis die Summe der Treffbereiche des X-Chromosoms berechnet als $V = 5{,}3 \cdot 10^{-17}$ cm^3 Diese Größe, gebrochen durch die Größe des einzelnen Treffbereichs muß die Gesamtzahl der Gene im X-Chromosom ergeben, daher $\dfrac{5{,}3 \cdot 10^{-17}}{2{,}83 \cdot 10^{-20}} =$ ca. 1800. Diese Zahl stimmt größenordnungsmäßig mit der Anzahl der mikroskopisch feststellbaren Chromomeren des X-Chromosoms in den Riesenchromosomen überein und auch mit der Schätzung der Genzahl für diese Koppelungsgruppe aus den Erfahrungen der Erbanalyse.

Besonders bewährt sich das Molekülmodell des Gens für eine Deutung des Wesens der spontanen Mutabilität. Theoretische Überlegungen und verschiedene Versuche haben eindeutig bewiesen, daß die spontane Mutationsrate der Gene nicht etwa auf der Wirkung der Weltraumstrahlung oder ionisierenden Strahlungen der Erdoberfläche beruht, sondern eine Eigenschaft der Gene selbst ist. Es sind wahrscheinlich spontane monomolekulare Reaktionen der Gene, die, wie uns die Reaktionskinetik lehrt, nicht nur durch Energiezufuhr von außen, sondern auch durch statistische Variation der Schwingungsenergie innerhalb des Moleküls zustandekommen. Solche monomolekulare Reaktionen verlaufen für verschiedene Atomverbände verschieden schnell, gemessen in der Halbwertszeit, sind temperaturabhängig und zwischen der Halbwertszeit, dem Temperaturkoeffizienten und der für die Reaktion notwendigen Aktivierungsenergie bestehen nach den reaktionskinetischen Gesetzen bestimmte Beziehungen.

Aktivierungsenergie in eV	Halbwertszeit	Temperaturkoeffizient $t^0 \ Q_{10}$
0,3	$2 \cdot 10^{-10}$ Sek.	1,4
0,9	0,1 Sek.	2,7
1,2	33 Min.	3,8
1,5	16 Monate	5,3
1,8	30 000 Jahre	7,4

Versuche an Pflanzensamen, an Pollen und an *Drosophila*-Spermien haben gezeigt, daß die spontane Mutationsrate tatsächlich zeitproportional ist. Je älter die Zellen werden, desto mehr Mutationen sammeln sich in ihnen an. Temperaturversuche mit den geschlechtsgebundenen Mutationen von *Drosophila* haben weiters gezeigt, daß der gefundene Temperaturkoeffizient von $t^0Q_{10} = 5{,}7$ in einer Größenordnung liegt, die der aus der Zeitproportionalität der spontanen Mutationsrate zu errechnenden Halbwertszeit nach den allgemeinen reaktionskinetischen Regeln entspricht. Es entspricht auch diesen Regeln, daß ein sehr labiles Gen einen geringeren Temperaturkoeffizienten von nur 3,9 zeigte.

Das Gen als letzte Einheit des Lebendigen. Wir haben nun das Gen als Spaltungseinheit, als Lokalisationseinheit und als Mutationseinheit definieren gelernt und müssen in ihm die letzte und zugleich die am besten definierte Einheit des Lebendigen sehen. Es kommen ihm die Grundeigenschaften des Stoffwechsels, der Fähigkeit zu konvarianter Reduplikation und der Fähigkeit zur Entfaltung spezifischer Wirkungen zu, die wir damit als die letzten Grundeigenschaften des Lebendigen bezeichnen müssen. Zugleich erscheint uns das Gen am besten vorstellbar als ein Molekül, das den Gesetzen monomolekularer Reaktionen folgt, einen gewissen, relativ hohen Stabilitätsgrad aufweist und in einer für jedes Gen charakteristischen Anzahl von diskreten Zuständen, den verschiedenen Mutationsstufen oder Allelen, existenzfähig ist. Die Fähigkeit zu konvarianter Reduplikation ist mit dem Molekülmodell durchaus vereinbar, wenn auch eine präzise physikochemische Anschauung von diesem Vorgang noch nicht möglich ist. Schwieriger ist das Molekülmodell mit der Tatsache in Einklang zu bringen, daß das Gen als Wirkungseinheit stets nur in ganz bestimmten Vielfachen von 1 vorliegen kann, wie die Beziehungen des Erbgeschehens zur haploiden und diploiden Chromosomenzahl zeigen, und daß dabei alle Gene des Genoms gleichsinnig an diese Regel gebunden sind. Es liegt nahe, in den Mutationen, die als monomolekulare Reaktionen ablaufen, chemische Umsetzungen im Verband des Genmoleküls zu sehen. Die verschieden hohe Stabilität der mutierten Gene, die verschiedene Wahrscheinlichkeit für Mutationsschritte in bestimmter Richtung sind uns von chemischen Vorgängen her vertraut. Über die Art dieser chemischen Prozesse wissen wir noch nichts, ebenso nichts über die chemischen Unterschiede, die wir zwischen den verschiedenen Genen eines Genoms annehmen müssen. Wenn es uns gelänge, wohl definierte chemische Einwirkungen an das Gen selbst heranzubringen, müßten wir die Möglichkeit der Auslösung ganz bestimmter Mutationen erwarten und damit eine Aufklärung der chemischen Natur des Gens. Versuche zur chemischen Mutationsauslösung haben bisher aber noch keine genügend klaren Ergebnisse geliefert. Mit besonderen Methoden konnten durch chemische Einwirkungen hohe Mutationsraten erzielt werden, wobei bestimmte Mutationsschritte bevorzugt zu sein scheinen. Es handelt sich dabei wohl nicht um unmittelbare Reaktionen des chemischen Agens mit den Genen, sondern um eine Energieübertragung durch Auslösung von Reaktionen im Plasma. In diesem Zusammenhang sei nur kurz erwähnt, daß die biochemische Untersuchung der Nukleoproteide in letzter Zeit große Fortschritte gemacht hat. Es ist u. a. gelungen, den Unterschied zwischen dem genetisch aktiven Euchromatin und dem genleeren Heterochromatin chemisch aufzuklären.

Virusforschung. Von besonderem Interesse ist die Tatsache, daß bei verschiedenen filtrierbaren Virusarten, die chemisch rein darstellbare, kristallisierbare, monomolekulare Gebilde sind, durch Röntgenstrahlen Mutationen ausgelöst werden konnten und daß auch hier die lineare Dosisproportionalität gilt. Wir müssen dem Virus die gleichen definitionsgemäßen Eigenschaften zubilligen wie dem Gen und müssen Virus und Gen als elementare biologische Einheiten ähnlicher Art betrachten. Durch die Möglichkeit, die Virusarten chemisch rein darzustellen und zu untersuchen, bieten sich neue Möglichkeiten zur Aufklärung der Struktur solcher Gebilde. Ähnliche interessante Ergebnisse wurden neuerdings auch an Bakteriophagen gewonnen. So eröffnen sich auf dem Gebiete der Genetik neue Wege zu einer Synthese biologischer, chemischer und physikalischer Forschung.

Strahleninduzierte Chromosomen-Aberrationen. Durch ionisierende Strahlen läßt sich die Rate der verschiedenen Chromosomen-Aberrationen bedeutend steigern, während sie spontan nur sehr selten entstehen. Die Untersuchung der Dosisproportionalität und andere Überlegungen haben gezeigt, daß das Ereignis, das zu einem einzelnen Chromosomenbruch oder zu einer kleinen Deletion führt, ebenfalls ein Eintrefferereignis ist und durch eine Ionisation ausgelöst wird. Zur Entstehung einer Inversion oder reziproken Translokation müssen aber solche Ereignisse an zwei verschiedenen Stellen unabhängig voneinander und innerhalb einer gewissen Zeitspanne eintreten. Dementsprechend folgt die strahleninduzierte Rate für solche Zweitreffervorgänge nicht der linearen Proportionalität, sondern einer annähernd quadratischen, wie Versuche gezeigt haben, in denen die Rate für grobe Chromosomen-Aberrationen teils an deren genetischen Wirkungen, teils durch die cytologische Untersuchung gemessen wurde (Abb. 25). Die Beziehung zwischen Strahlungsdosis und Aberrationsrate ist auch nicht unabhängig vom Zeitfaktor, da bei fraktionierter Applikation in der Zwischenzeit restituierende Vorgänge an den Bruchstellen der Chromosomen einsetzen, die eine einfache Addition der Bruchvorgänge in der Zeit unmöglich machen und so die Ausbeute an Aberrationen herabsetzen.

Das Genom und die Wirkungsweise der Gene.

Die Gesamtheit der Gene eines Organismus bilden sein Genom. Die Gesamtzahl der Gene von *Drosophila melanogaster* wird aus den Ergebnissen der Strahlengenetik, aus den cytologischen Befunden an den Riesenchromosomen und aus anderen Überlegungen übereinstimmend auf ungefähr 5000 geschätzt. Die Anhaltspunkte der Schätzung bei anderen Organismen sind weniger gesichert, doch spricht manches dafür, daß für Tiere und Pflanzen und auch für den Menschen die Gesamtzahl der Gene größenordnungsmäßig nicht sehr wesentlich von der Zahl bei *Drosophila* abweichen dürfte. Von den 5000 Genen von *Drosophila* haben wir einen großen Teil bereits kreuzungsanalytisch erfaßt und lokalisiert. Wir können natürlich die Existenz eines Gens nur dann nachweisen, wenn wir mindestens eine Mutation dieses Gens kennengelernt haben. Ein Gen, das niemals mutiert, können wir in seiner Existenz nicht aufdecken, wir können höchstens aus allgemeinen oder cytologischen Befunden seine Existenz vermuten. Zur Erklärung der reichen erblichen Mannigfaltigkeit des Organischen ist die Annahme einer Zahl von 5000 Genen bei einer Art durchaus genügend. Wenn wir für jedes Gen nur zwei Allelformen annehmen, so besteht zwischen den Allelen dieser Gene eine unvorstellbar große Zahl von Kombinationsmöglichkeiten, von denen natürlich nur ein geringer Bruchteil überhaupt als lebensfähig realisierbar und davon wieder nur ein kleiner Teil so weit der Umwelt angepaßt ist, daß diese Kombinationen in wildlebenden Populationen existenzfähig sind. Die Vermehrung der Genzahl durch die Neuentstehung von Genen ist noch niemals beobachtet worden und wir können uns auch vorläufig keine rechte Vorstellung davon machen, wie ein Gen neu entstehen und in das Genom eingebaut werden sollte. Es ist allerdings möglich, daß durch Duplikation ein oder mehrere Gene verdoppelt und durch nachfolgende Inversions- oder Translokationsvorgänge an andere Stellen des Chromosomensatzes verlagert werden könnten. Es spricht vieles dafür, daß im Genom von *Drosophila* und anderen Organismen gewisse Gene oder Gengruppen mehrfach vertreten sind. Im Laufe der Phylogenie könnten solche Gene in verschiedenen Mutationszuständen in das Genom aufgenommen werden und auf diese Weise könnte die Zahl der verschiedenen Gene vermehrt werden.

Positionseffekt. Es kommt nicht nur darauf an, welche Gene und in welchen Mutationsstufen oder Allelen diese Gene im Genom vorhanden sind. Die Auswirkung der Gene ist sichtlich in gewissem Maß von ihrer Lage, von ihrer Anordnung in den Chromosomen abhängig. Dies nennt man den Positionseffekt. Das Chromosom scheint also nicht nur eine rein mechanische Aneinanderreihung der Gene zu sein und es ist nicht möglich, die Gene eines Genoms beliebig anzuordnen, ohne ihre Wirkungsmöglichkeiten dadurch zu ändern. Dies zeigen schon die sichtbaren Erbwirkungen, die gewisse Inversionen und Translokationen ausüben, bei denen keine Gene verloren gegangen und keine Mutationen eingetreten sind, sondern nur eine Umordnung der Gene vorgenommen worden ist. Es ist mehrfach beobachtet worden, daß die Dominanz von Normalallelen über ihre Rezessivallele unvollkommen wird, wenn diese Normalallele durch eine Translokation verlagert worden sind. Interessanterweise erstreckt sich die gleiche Wirkung auch auf die der Bruchstelle und der neuen Anheftungsstelle benachbarten Gene, die gar nicht transloziert worden sind. Daß hier nicht etwa Mutationen oder andere Veränderungen dieser Gene vorliegen, zeigen Fälle, in denen durch ein Crossing-over nahe der neuen Anheftungsstelle ein transloziertes Stück auf das andere homologe Chromosom des Paares hinüberwechselte, woraufhin die Störung der Dominanzverhältnisse in der früheren Nachbarschaft des verlagerten Stückes sofort verschwunden und in seiner neuen Nachbarschaft aufgetreten ist. Ein weiteres Beispiel für den Positionseffekt ist die schon erwähnte Form „Ultrabar", in der ein Gen dreifach vorliegt. Im heterozygoten Zustand mit einem normalen X-Chromosom ist dann dieses Gen vierfach vorhanden. Der homozygote Zustand der einfachen Duplikation „Bar" enthält das Gen ebenfalls vierfach. Trotzdem ist die Wirkung auf die Ommatidienzahl des Auges im ersteren Fall stärker als im letzteren.

Genwirkung und Gengesellschaft. Ein schöner Beweis dafür, daß die gleichen Gene in Gengesellschaften von verschiedenem Gleichgewicht der Genwirkungen sich sehr verschieden auswirken können, ist die sogenannte geschlechtskontrollierte Vererbung, die mit der geschlechtsgebundenen Vererbung (S. 49) nicht verwechselt werden darf. Die Männchen des Schmetterlings Papilio memnon sehen untereinander gleich aus, ihre Weibchen treten aber in drei voneinander morphologisch so stark verschiedenen Formen auf, daß man sie früher als drei eigene Arten beschrieben hat. Diese Verschiedenheit der Weibchen beruht auf zwei unabhängig spaltenden autosomalen Allelpaaren, deren Verteilung in doppelt oder einfach dominanten Kombinationen das verschiedene Aussehen der Weibchen bewirkt. Die gleiche genotypische Mannigfaltigkeit kommt nun, wie Kreuzungsversuche zeigten, auch bei den Männchen vor, nur äußert sich die Wirkung dieser Allele im männlichen Genotypus gar nicht, so daß die genotypisch verschiedenen Männchen alle gleich aussehen. Bei Hühnerrassen werden erbliche Unterschiede in den sekundären Geschlechtsmerkmalen der Hähne auch nur im männlichen Geschlecht manifest, während man sie den Hennen nicht ansieht. Durch die Mutation eines bestimmten Gens wird auch der Hahn hennenfedrig. Kastriert man Hennen und Hähne, dann entwickelt sich bei beiden das Gefieder des Hahnes. Hier wird die Entfaltung der geschlechtskontrollierten Genwirkungen über die innere Sekretion der primären Geschlechtsorgane gesteuert, während sie bei den Schmetterlingen eine unmittelbare Folge des Wechselspiels der Genwirkungen ist.

Die Wirkung des einzelnen Gens können wir niemals von der aller anderen Gene trennen, wir können sie nur innerhalb der ganzen Gengesellschaft beobachten. Alle Genwirkungen beeinflussen einander, stehen miteinander in Wechselwirkung, und das Gleichgewicht aller aufeinander abgestimmten Genwirkungen in der Gengesellschaft ist die gesamte erbliche Reaktionsnorm, der Genotypus eines Organismus. Mutation bedeutet nicht Aufhebung, sondern Änderung einer Genwirkung und damit Verschiebung des Gleichgewichtes der Genwirkungen. Diese kann allerdings bei den letalen Mutanten so weit gehen, daß die Kombination von Anfang an nicht lebensfähig ist. Welche Wirkungen die Normalallele der Gene haben, von denen wir nur Letalmutationen kennen, wissen wir nicht. Sie müssen aber offenbar für den Organismus sehr wesentlich sein, wenn ihre Abänderung durch Mutation letal wirkt. Von den Wirkungen der anderen Normalallele können wir uns eine Vorstellung machen, wenn wir sehen, welche Abänderungen im morphologischen oder physiologischen Geschehen durch ihre Mutation eintreten. Der Entfall eines Gens ist homozygot fast immer letal, bis auf jene Fälle, in denen vermutlich das gleiche Gen an verschiedenen Stellen des Genoms mehrfach vorhanden ist.

Wir sehen, daß die meisten mutierten Gene eine ausgesprochen pleiotrope Wirkung entfalten, d. h. verschiedene morphologische und physiologische Merkmale des Organismus durch ihre Mutation erblich verändert erscheinen. Es ist oft schwer, sich eine Vorstellung zu machen, in welch komplizierter Weise die pleiotrope Genwirkung an den verschiedensten Orten in das Entwicklungsgeschehen eingreift. So zeigt die Mutante „vestigial" bei *Drosophila* gegenüber der Normalform stark verkleinerte Flügel, eine veränderte Flügelmuskulatur, veränderte Halteren, aufgerichtete Borsten, eine veränderte Form der Spermatheken, eine Verzögerung in der Entwicklungsgeschwindigkeit, eine herabgesetzte Vitalität und Fertilität, die Zahl der Eischnüre ist bei optimalen Außenbedingungen vermindert, bei schlechten Außenbedingungen aber relativ vermehrt. Die Mutante „phantastica" bei *Antirrhinum* zeigt verschmälerte bis pfriemliche Blätter von verändertem anatomischem Bau, eine veränderte Form der Blumenkrone, Herabsetzung der Zahl der Staubblätter, eine Verlangsamung der Keimung, veränderte Kotyledonen, eine Herabsetzung der Pollenfertilität, eine herabgesetzte Vitalität und eine Abänderung in der Wertigkeit der Seitensprosse bei Ersatzleistungen. In allen diesen Fällen hat das Normalallel eine dementsprechend komplexe Wirkung bei der Entfaltung der normalen

Eigenschaften im Standardtyp zu leisten. Andererseits sehen wir, daß eine scheinbar einheitliche Eigenschaft von vielen verschiedenen Genen beeinflußt wird, durch deren Normalallele in ihrem Zusammenwirken die normale Ausbildung dieser Eigenschaft bedingt wird. Mutiert eines von diesen Genen, dann ändert sich etwas an der Ausprägung dieser Eigenschaft. Sind zwei oder mehrere mutiert, dann kommt es zu komplexen, oft nicht vorauszusehenden Änderungen, bei denen zum Teil die Erscheinungen der Polymerie oder Epistase zu beobachten sind. So wird die Augenfarbe von *Drosophila* von über 40 verschiedenen Genen in irgendeiner Weise beeinflußt. Bei *Antirrhinum* kennen wir über 30 Gene, deren Mutation zu irgendwelchen Chlorophylldefekten führt. Die Fellfarbe bei Nagetieren wird von einer großen Zahl von Genen in komplizierter Weise beherrscht. Während manche von diesen Genwirkungen uns mehr oder weniger physiologisch verständlich erscheinen, ist es bei anderen zunächst nicht einzusehen, wo die tiefere Ursache ihrer Wechselwirkung zu suchen ist. Ein homozygot letales Allel eines Gens von *Antirrhinum* bewirkt im heterozygoten Zustand eine gelb-grüne Blattfarbe (Aurea), ein ebenfalls homozygot letales Allel eines andern Gens bewirkt heterozygot nekrotische Defekte an den Blättern (Crispa). Pflanzen, die in beiden Allelpaaren heterozygot sind, zeigen nur das Merkmal Aurea, nicht jedoch die Defekte von Crispa. Einer Analyse der Genwirkung stellen sich vorläufig noch große Schwierigkeiten in den Weg, die nur durch die Zusammenarbeit aller biologischen Disziplinen überwunden werden können. Dafür werden vor allem drei Wege zu beschreiten sein: 1. eine genaue morphologische und physiologische Untersuchung der Entfaltung bestimmter Eigenschaften unter der Wirkung eines Gens und seiner verschiedenen Allele („Phänogenetik"), 2. die Analyse der Wirkung eines Gens und seiner Allele unter verschiedenen Umweltbedingungen oder bei experimentellen Eingriffen in das Entwicklungsgeschehen („genetische Entwicklungsphysiologie") und 3. die Kombination verschiedener mutierter Gene im Erbversuch.

Genetische Entwicklungsphysiologie. Das Leben ist kein „Sein", sondern ein „Geschehen". Jeder Organismus ist in ständiger Entwicklung begriffen und seine Eigenschaften entfalten sich unter Lenkung der Genwirkungen und im Zusammenspiel mit den Umweltbedingungen. Wie uns die reichen experimentellen Erfahrungen der Entwicklungsmechanik lehren, ist das in der Zeit harmonisch geordnete Auftreten von Determinationspunkten wesentlich für das Entwicklungsgeschehen. Die Gene setzen offenbar bestimmte Reaktionsketten mit einer ihrer Wirkungsquantität proportionalen Geschwindigkeit in Gang und die harmonische Abstimmung dieser Reaktionen ist für das zeitgerechte Auftreten von Determinationspunkten und damit für das korrelativ geordnete Entwicklungsgeschehen maßgeblich. Die Genwirkungen sind damit einer Fermentwirkung zu vergleichen, die, von den Kerngenen ausgehend, sich auf das Plasma der Zellen erstreckt und ihre Erfolgsorte direkt oder indirekt durch Zwischenschaltung physiologischer Vorgänge erreicht. Diese vor allem von *R. Goldschmidt* begründeten und zu einer physiologischen Theorie der Vererbung ausgebauten Gedankengänge sind in einem reichen Erfahrungsmaterial von verschiedener Seite bestätigt worden, wobei der genetischen Analyse jeweils die physiologische Untersuchung, der experimentelle Eingriff in das Entwicklungsgeschehen und biochemische Untersuchungen an die Seite traten. Die Pigmentierung der Raupen verschiedener Rassen des Schwammspinners *Lymantria dispar* konnte auf solche, durch bestimmte Gene verschieden stark beschleunigte Reaktionsketten zurückgeführt werden. In Kreuzungen verschiedener geographischer Rassen des gleichen Schmetterlings erhält man Intersexe, da die geschlechtsbestimmenden Gengruppen dieser Rassen Quantitätsunterschiede ihrer Wirkung zeigen und die ursprünglich indifferent angelegten

Geschlechtsmerkmale daher mit verschiedenen, nach bestimmten Rassenkreuzungen nicht mehr harmonisierenden Geschwindigkeiten in die weibliche oder männliche Richtung differenziert werden. Ein schönes Beispiel für eine quantitative Genwirkung ist der schon öfter erwähnte Fall der Duplikation Bar bei *Drosophila*, wo die Wirkung mit der nachweisbaren Verdoppelung und nochmaligen Verdoppelung eines Gens immer stärker wird. Viele multiple Allelserien sind sichtlich quantitativ abgestuft wirkende Zustandsformen eines Gens.

Die erfolgreiche Zusammenarbeit verschiedener biologischer Arbeitsmethoden bewährt sich bei der Aufklärung komplizierterer Zusammenhänge, z. B. der genischen Bedingtheit der Augenfarbe von *Drosophila melanogaster*. Die systematische Kombination verschiedener Allele der zahlreichen Gene für die Augenfarbe zeigt Gesetzlichkeiten, die zu der Annahme zwingen, daß die dunkelrote Augenfarbe der Wildform aus zwei getrennten Pigmentkomponenten besteht, einer braunen und einer roten. Diese beiden Pigmente konnten isoliert und biochemisch charakterisiert werden. Die Transplantation von Imaginalscheiben der Augen zwischen verschiedenen Mutanten und der Wildform zeigte, daß als Bedingung für die Ausbildung des braunen Pigments genbedingte Wirkstoffe anzusehen sind: der $+^v$-Wirkstoff, der der Mutante v fehlt und der $+^{cn}$-Wirkstoff, der der Mutante cn fehlt. Die Normalalelle $+^v$, bzw. $+^{cn}$ sind es, die für die Bildung dieser Wirkstoffe verantwortlich sind. Der $+^v$-Wirkstoff ist unspezifisch, kommt bei allen Insekten vor und es hat sich herausgestellt, daß er identisch ist mit Kynurenin, das im Stoffwechsel der Puppen aus Tryptophan entsteht. Der $+^{cn}$-Wirkstoff ist ein Chromogen, das aus dem Kynurenin entsteht. Hier konnten also die durch die Gene ausgelösten Reaktionsketten biochemisch aufgeklärt werden. Das Eingreifen eines andern Gens $+^{se}$ in die Beschaffenheit des Rotpigments beruht offenbar auf der Regulierung eines Oxydationsprozesses, der in der Mutante se bis zu einer Verfärbung dieses Pigments in dunkelbraun fortschreitet. Außerdem ist Voraussetzung für die Bildung der beiden Pigmentkomponenten das Vorhandensein eines Braun- und eines Rotsubstrates, deren Bildung wieder von den Genen $+^{st}$ und $+^{bw}$ beherrscht wird.

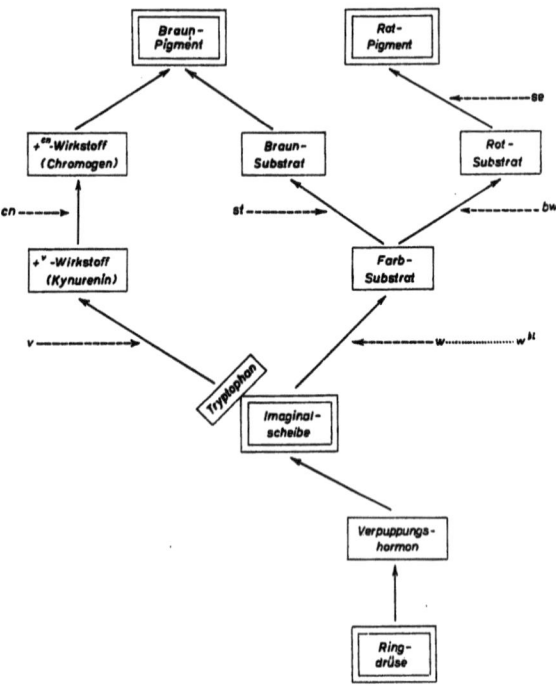

Abb. 28. Schema der Bewirkung der Augenpigmentierung von Drosophila melanogaster durch das Zusammenwirken der Gene. Modifiziert nach *Ephrussi* (Erklärung im Text).

Diese Substrate entstehen aus einem gemeinsamen Farbsubstrat, dessen Bildung in quantitativ abgestufter Weise von den Allelen der $+^w$-Serie beeinflußt wird. Die Ausbildung der Imaginalscheiben für die Augen selbst ist vom Hormon der Ringdrüse abhängig, ein Geschehen, das seinerseits vom Zusammenwirken mehrerer Gene beherrscht ist. Das Schema Abb. 28 stellt diese Zusammenhänge abgekürzt dar. Jede

Substitution eines der an diesem Geschehen beteiligten Normalallele durch ein mutiertes Allel greift an einer bestimmten Stelle störend in den normalen Ablauf des Prozesses ein. Aus dem Schema ist ersichtlich, aus welchen verschiedenen Gründen die Mutanten v, cn und st hellrote Augen ohne Braunpigment, die Mutante bw braune Augen ohne Rotpigment haben. Ebenso, warum die Kombinationen der mutierten Gene bw mit st, bw mit v, sowie bw mit cn weiße, pigmentfreie Augen haben müssen. Die gleichen weißen Augen entstehen aber auch durch das extremste Allel w der $+^w$-Serie, da dann gar kein Farbsubstrat gebildet werden kann.

Plasmatische Vererbung. Oft wurden Zweifel an dem „Kernmonopol" der Vererbung laut und vor allem von mehr theoretisch eingestellten Forschern wird bis heute an den Methoden der modernen Genetik vor allem durch den Vorwurf Kritik geübt, daß die Analyse der im Kern lokalisierten Gene nur Rassenmerkmale beträfe, während die Unterscheidungsmerkmale der Gattungen und größerer systematischer Gruppen wo anders zu suchen sein müßten, z. B. im Plasma. Eine solche Anschauung entbehrt aber jeder experimentellen Begründung. Es ist gelungen, aus den Eiern gewisser Seesterne den Kern durch Zentrifugieren zu entfernen und diese Eier mit einem Spermium einer andern Gattung der Seesterne zu befruchten. Es tritt eine Entwicklung ein, an der nur der haploide väterliche Kern im mütterlichen Plasma beteiligt ist. Trotzdem zeigen die frühen Stadien der Embryogenese rein mütterliche Merkmale, erst später beginnen sich in der Larvenentwicklung auch väterliche Merkmale zu zeigen. Der Versuch konnte allerdings niemals weitergeführt werden, da diese haploiden Larven in einem gewissen Alter absterben. Diese und ähnliche Versuche der älteren entwicklungsmechanischen Schule können jedoch nicht zu Gunsten einer allgemeinen oder gar die Merkmale der höheren systematischen Einheiten bedingenden Vererbungsrolle des Plasmas verwertet werden. Denn wir wissen, wie später noch gezeigt werden soll, daß die

Eigentümlichkeiten der frühen Stadien der Embryogenese im hochdifferenzierten Eiplasma vielfach schon völlig vorgebildet sind und daß diese Differenzierung bereits in der wachsenden Oozyte unter der Einwirkung des mütterlichen Genoms zustande kommt. Zum Nachweis einer echten plasmatischen Vererbung können nur Versuche verwendet werden, in denen der F_1-Bastard bis zu seiner vollkommenen Ausbildung lebensfähig und womöglich fruchtbar ist. Erbmerkmale, die im Plasma lokalisiert sind, dürften keine *Mendel*sche Spaltung zeigen und müßten sich bei reziproker Durchführung der gleichen Kreuzung verschieden auswirken, da ja bei den Tieren und bei den meisten höheren Pflanzen das Plasma der Zygote allein vom Ei stammt, also rein mütterlich ist. Solche Merkmale müßten auch bei wiederholter Einkreuzung der einen Elternform als Vater den rein mütterlichen Charakter durch mehrere Bastardgenerationen beibehalten. Bei sehr vielen Tieren und Pflanzen wurden derartige Versuche ohne jeden Erfolg durchgeführt. In einigen Fällen scheint aber doch eine echte Erbwirkung des Plasmas vorzukommen, z. B. bei reziproken Kreuzungen von verschiedenen Arten des Weidenröschens *(Epilobium)*. *F. v. Wettstein* konnte eine solche bei Artkreuzungen von Moosen nachweisen und bezeichnet die Gesamtheit der im Plasma lokalisierten Erbwirkungen als „Plasmon". Man kann auch annehmen, daß in solchen Fällen das in gewissem Maße autonome Plasma die Auswirkungen des Kerngenoms zu modifizieren und auf diese Weise Erbwirkungen hervorzubringen vermag. Neuerdings wurden bei Infusorien und bei Hefen plasmatische Erbwirkungen experimentell erwiesen und bei diesen die Möglichkeit eines Austausches von Kerngenen und „Cytogenen" erwogen. Es handelt sich hier allerdings um andere Organisationstypen als bei höheren Tieren und Pflanzen. Bei kernlosen Mikroorganismen liegen wohl allgemein echte Gene ohne chromosomale Strukturen vor.

Bei Artbastarden ist die reziproke Verschiedenheit der F_1-Generation eine häufigere Erscheinung, beweist jedoch meist nichts für eine plasmatische Vererbung, sondern ist chromosomal bedingt, besonders bei Organismen mit XY- oder XO-Typ der Geschlechtsbestimmung. Es kann ein Chromosomensatz mit X-Chromosom mit dem artfremden Satz mit X-Chromosom verträglich sein, aber nicht mit dem artfremden Satz mit Y-Chromosom oder umgekehrt. So ergibt die Kreuzung *Drosophila melanogaster* × *Drosophila simulans* nur Weibchen, da die Männchen letal sind, die reziproke Kreuzung aber ergibt Weibchen und Männchen. Aus dem gleichen Grund sind die Töchter aus der Artkreuzung der Schwärmer *Deilephila elpenor* × *Deilephila porcellus* letal, die Töchter der reziproken Kreuzung aber lebensfähig.

Mütterliche Vererbung. Mit der echten plasmatischen Vererbung darf eine Erscheinung nicht verwechselt werden, die man als mütterliche Vererbung nicht ganz treffend bezeichnet hat. Es handelt sich dabei um eine Nachwirkung des mütterlichen Genotypus über die bereits in der Keimbahn der Mutter festgelegten Differenzierungen des Eiplasmas bis auf bestimmte Eigenschaften der nächsten Generation. Es gibt bei der Schnecke *Limnaea* Individuen mit rechts- und solche mit linksgewundener Schale. Kreuzt man rechts (DD) mit links (dd), so ist die F_1-Generation (Dd) rechtswindend, die F_2-Generation trotz der jetzt eintretenden Spaltung in $1/4$ DD, $2/4$ Dd und $1/4$ dd wieder durchwegs rechtswindend und erst in der F_3-Generation kommt die *Mendel*sche Spaltung dadurch zum Ausdruck, daß bei den Nachkommen von dd-Müttern die Linkswindung auftritt — und dies ganz unabhängig davon, welcher Konstitution der Vater ist. Die Windungsrichtung der Schale ist durch die Asymmetrie des Embryos bestimmt, die ihrerseits bereits in den Differenzierungen des Eiplasmas festgelegt ist und daher rein unter dem Einfluß des mütterlichen Genotypus entsteht. Solche Eigenschaften sind also wohl durch die

Kerngene bestimmt, werden aber über die plasmatischen Differenzierungen des Eies erst in der nächsten Generation zum Ausdruck gebracht.

Plastiden-Vererbung bei Pflanzen. Es gibt autonome Zellorganellen, die nur durch Teilung aus ihresgleichen hervorgehen und nicht im Plasma neu gebildet werden. Zu ihnen gehören bei den Pflanzen die Plastiden, in deren Form, Zahl, Verteilung und Gehalt an Farbstoffen viele wichtige erbliche Eigenschaften der Pflanzen zum Ausdruck kommen. Es gibt sehr viele Gene, deren Normalallele die normale Beschaffenheit der Plastiden bedingen, während ihre mutierten Allele sich in der Änderung irgendeiner Plastideneigenschaft auswirken. Auch verschiedene Formen der Weißscheckigkeit, die als „Panachure" den Gärtnern bekannt ist, werden durch mutierte Gene bewirkt. In allen diesen Fällen zeigen die Merkmale normalen Erbgang nach den *Mendel*schen Regeln. Es gibt bei manchen Pflanzen aber auch Rassen, in denen die Plastiden selbständig durch eine Art Mutation ihre Eigenschaften geändert haben, wodurch Buntscheckigkeit oder andere Chlorophylldefekte entstehen. Diese Rassen zeigen bei Kreuzung mit der Normalform keine *Mendel*sche Spaltung. Da die Plastidenanlagen bei den höheren Pflanzen in der Regel nur durch das Plasma des Embryosacks übertragen werden, wird das Merkmal nur von der Mutter auf die Nachkommen übertragen. Es gibt aber auch Pflanzenarten, bei denen Plastidenanlagen durch das Plasma des Pollenschlauchs in die Zygote gelangen, dann können die abgeänderten Plastiden auch durch die Vaterpflanze übertragen werden. In allen diesen Fällen zeigen die Plastiden eine relative Unabhängigkeit ihrer Eigenschaften vom Kerngenom.

Chimären. Es handelt sich bei diesen Erscheinungen nicht um Vererbungsvorgänge im eigentlichen Sinn, doch zeigen sie uns, daß unter Umständen auch erblich stark verschiedene Anteile zur Bildung eines einheitlichen Organismus zusammentreten können, ohne dabei ihren Genotypus zu verändern. Während die bei Tieren durch Transplantation von artfremden Körperteilen erzeugten Chimären meist nur in Jugendstadien lebensfähig sind, können bei Pflanzen durch Zusammenschluß artfremden, ja gattungsfremden Gewebes voll lebensfähige und fortpflanzungsfähige Individuen entstehen. Man beobachtete, daß aus dem an Pfropfstellen zwischen der Unterlage und dem Pfropfreis gebildeten Wundgewebe manchmal auch Adventivsprosse hervorgehen, die eine intermediäre Ausbildung der Eigenschaften der beiden durch Pfropfung vereinigten Arten zeigen und hat sie daher als „Pfropfbastarde" bezeichnet. Solche von Gartenliebhabern geschätzte Rassen können vegetativ durch Stecklinge vermehrt werden und behalten dabei ihre eigentümliche „Bastard"-Natur bei. Der seit 1825 bekannte *Cytisus Adami* entstand aus der Pfropfung von *Cytisus purpureus* auf *Cytisus laburnum*, verschiedene „*Crataegomespili*" aus der Pfropfung zwischen *Mespilus* und *Crataegus*. Auch die Bizarrien zwischen Orange und Zitrone dürften so entstanden sein. Durch die Untersuchungen *Winklers* und *E. Bauer's* wurden diese Bildungen als sogenannte Periklinal-Chimären entlarvt. Die oberste oder die zwei oberen Gewebeschichten der Chimäre stammen von der einen, die tieferen Gewebeschichten, der Kern, von der andern Art. Die Untersuchung der Chromosomenzahlen und verschiedener zellulärer Eigentümlichkeiten beweisen dies. Dadurch, daß die Gewebeschichten in ihrem Zusammenwirken beim Aufbau der Pflanze eine Art Kompromiß eingehen, kommt es zu einer mehr oder weniger intermediären Ausbildung der Merkmale. Bei geschlechtlicher Vermehrung geht die scheinbare Bastardnatur sofort verloren, denn die Geschlechtszellen übertragen nur die erblichen Eigenschaften der Gewebeschicht, aus der sie entstehen. Auch vegetativ kann es zu einem Durchbruch des Kerns durch die oberen Gewebeschichten und dadurch zur Entstehung artreiner Äste kommen. Es gibt außerdem noch Sektorialchimären, bei denen der Vegetationspunkt sektorial aus genotypisch verschiedenem Material aufgebaut ist und dementsprechend die Seitensprosse artrein oder wieder Sektorialchimären sind.

Heteroploidie, Polyploidie. Eine bei Tieren seltene, bei Pflanzen häufigere Erscheinung ist die Abänderung der normalen Chromosomenzahl durch Vermehrung oder Verminderung der Zahl in einem oder wenigen bestimmten Chromosomenpaaren (Heteroploidie) oder durch Verdopplung, bzw. wiederholte Verdopplung des ganzen Chromosomensatzes (Polyploidie). Heteroploidie kann durch Störungen im Kernteilungsvorgang entstehen und führt dazu, daß ein Chromosom in einem sonst diploiden Satz dreimal oder nur einmal vertreten ist. Entsprechend dem quantitativen Charakter der Genwirkung muß es dadurch zu Störungen des Gengleichgewichtes kommen, die sich in der Abänderung verschiedener Merkmale, bei Tieren aber auch in einer starken Herabsetzung der Vitalität oder in letaler Wirkung äußern. Wir haben schon die „Überweibchen" bei *Drosophila* kennengelernt, die in einem sonst diploiden Satz drei X-Chromosomen haben, in ihrer Vitalität stark geschädigt und unfruchtbar sind. Ähnliches gilt für „Haplo-IV"-Tiere, die in einem sonst normalen Satz nur ein IV-Chromosom haben. Bei Pflanzen werden solche Störungen des Gengleichgewichtes oft leichter ertragen, so daß heteroploide Formen lebensfähig und fruchtbar sein können. Bei *Datura,* dem Stechapfel, kann in jedem der zwölf homologen Chromosomenpaare eine Vermehrung von zwei auf drei Chromosomen eintreten und dementsprechend kennt man bei dieser Pflanze zwölf verschiedene trisome „Mutanten", die sich in verschiedenen, meist quantitativ abgestuften Merkmalen unterscheiden, entsprechend den zwölf verschiedenen Möglichkeiten einer Verschiebung des Gleichgewichtes der Genwirkungen.

Polyploidie entsteht vor allem dadurch, daß durch Störungen der Meiose die Chromosomenreduktion entfällt und auf diese Weise diploide Geschlechtszellen gebildet werden. Durch Befruchtung einer solchen mit einer haploiden entsteht eine triploide Zygote, durch Kopulation zweier diploider Gameten eine tetraploide Zygote. Auf die gleiche Weise können dann höhere Polyploidiestufen entstehen. In der Meiose eines triploiden Organismus kommt es zur Bildung von trivalenten Gruppen, in der Meiose eines tetraploiden zur Bildung von Quadrivalenten. Daher kann sich ein Tetraplont unter Bildung von diploiden Gameten ungestört fortpflanzen. Bei Tieren ist die Polyploidie äußerst selten, bei Pflanzen dagegen eine häufigere Erscheinung, die auch experimentell relativ leicht ausgelöst werden kann. Da bei einer Vervielfachung des ganzen Chromosomensatzes das Gleichgewicht der Gene nicht gestört wird, führt die Polyploidie zunächst nicht zu einer spezifischen Änderung erblicher Merkmale. Entsprechend der *Boveri*schen Kern-Plasma-Relation sind alle Zellen eines Tetraplonten größer und die ganze Pflanze zeigt Riesenwuchs (Gigas-Formen). Die Erzielung höherer Polyploidiestufen scheitert oft daran, daß die weitere Vergrößerung der Zellen zu physiologischen Störungen führt, denen der Genotypus nicht angepaßt ist, und daß daher diese Formen herabgesetzt vital oder nicht lebensfähig sind. Die auf ganz bestimmte Größenmaße eingestellte Organisation des tierischen Körpers führt aus diesem Grund schon meist bei Tri- oder Tetraploidie zu Unlebensfähigkeit. Infolge der Vermehrung der Gene bei Polyploidie erscheinen die *Mendel*schen Regeln der Anzahl der homologen Gensätze entsprechend abgeändert. So ergibt sich bei tetraploiden *Datura*-Pflanzen in der F_2-Generation einer dihybriden Kreuzung nicht das für Diplonten geltende Zahlenverhältnis 9 : 3 : 3 : 1, sondern das Verhältnis 1225 : 35 : 35 : 1, da die rezessiven Allele sich nur dann äußern, wenn sie in allen vier homologen Chromosomen vertreten sind und diese Kombinationen entsprechend seltener zustande kommen. Das bedeutet, daß die doppelt rezessiv homozygote Kombination nur einmal unter 1296 Individuen der F_2-Generation zur Beobachtung kommen kann. Viele Kulturrassen unserer Nutzpflanzen sind tetraploid oder Angehörige einer noch höheren Polyploidiestufe. Dies hat eine wesentliche Bedeutung für die konstante Erhaltung der dem Züchter erwünschten Eigenschaften dieser Rassen. Wenn nämlich in einer solchen polyploiden Rasse eine Mutation erfolgt — solche mutierte Allele sind meist rezessiv — so besteht nur eine sehr geringe Aussicht, daß unter den Nachkommen dieses Heterozygoten, in dem ja dem einen Rezessivallel mindestens drei Dominanzallele gegenüberstehen, eine homozygote Pflanze mit der unerwünschten Eigenschaft zustande kommt.

Vererbungslehre und Abstammungslehre.

Rasse, Varietät, Art. Als Rasse oder Erbrasse bezeichnet der Genetiker eine Linie, die in einem oder mehreren bestimmten Erbmerkmalen von einem frei gewählten Standardtyp abweicht und die, wenigstens in den betrachteten Erbanlagen, eine reine Linie darstellt. In gewissem Maß deckt sich dieser Begriff mit der „Varietät" des Systematikers. Nur daß hier die Zahl der erblichen Unterscheidungsmerkmale gegenüber dem Vergleichstyp nicht exakt experimentell ermittelt ist und auch in diesen Merkmalen die Gewähr der Erbreinheit nicht gegeben ist. Die Varietät ist nur durch die deskriptive Methode der systematischen Forschung definiert und daher zunächst nur ein phänotypischer Begriff. Dasselbe gilt für den grundlegenden Begriff der Systematik, die Art oder Species. Auch ihre Abgrenzung erfolgt zunächst rein deskriptiv. Das Artbild, das die Systematik als zur Beschreibung einer Art völlig zureichend entwirft, ist insofern eine Fiktion, als es der innerhalb der Art vorkommenden phänotypischen und, wie wir jetzt wissen, auch genotypischen Mannigfaltigkeit nicht gerecht werden kann. Trotzdem ist die Art zweifellos eine natürliche Einheit, die wichtigste natürliche Einheit, von der jede biologische Betrachtung immer wieder ihren Ausgang nehmen muß. Dies sehen wir schon daran, daß die Art eine Fortpflanzungsgemeinschaft ist, d. h. daß innerhalb der Art, auch zwischen ihren Varietäten oder geographischen Rassen, volle Fruchtbarkeit besteht, während sie von anderen Arten meist durch die Unmöglichkeit der geschlechtlichen Vermischung scharf abgegrenzt ist. Die höheren systematischen Einheiten, Gattung, Familie und Ordnung sind von der Systematik in steigendem Maße fiktiv, zu Ordnungszwecken geschaffene Begriffe, die keinen natürlichen Einheiten entsprechen. Ihre natürliche Bedeutung erhalten sie nur durch das Theorem der Abstammungslehre, das die rezenten Arten mit den fossilen zu einem natürlichen Stammbaum zusammenfaßt, der — bei völliger Kenntnis aller Zusammenhänge — uns eine auf tatsächlicher Abstammung, d. h. Blutsverwandtschaft, gegründete natürliche Zuordnung aller Formen in zeitlich und räumlich bestimmte Punkte dieses ganzen natürlichen Systems gestatten würde. Der Abstammungsgedanke hat sich als heuristische Theorie äußerst brauchbar erwiesen und beherrscht daher in weitem Maß unser biologisches Denken.

Artbastarde. Die natürlichen Grenzen, die die Arten zu in sich geschlossenen Fortpflanzungsgemeinschaften machen, bestehen zunächst in der Abneigung gegen artfremde Kopulation oder in physischer Behinderung der Kopulation oder Bestäubung. Wenn man diese Hindernisse durch die Bedingungen künstlicher Kultur, durch künstliche Besamung oder Bestäubung auch ausschalten kann, so erweist es sich doch in den meisten Fällen als unmöglich, aus einer artfremden Kopulation Nachkommen zu erzielen. Nur in relativ seltenen Fällen im Tier- und Pflanzenreich gelingt die Herstellung von Artbastarden. Der Bastard zeigt meist eine Mischung der Artmerkmale der Eltern, wobei im einzelnen gewisse Merkmale der einen oder der andern Art vorwiegen. Manchmal ist das Aussehen des Bastards reziprok verschieden, wofür wir schon eine Erklärung kennengelernt haben. Sehr oft erweist sich der Bastard als steril, wie in dem klassischen Beispiel des Maultiers aus der Kreuzung zwischen Pferd und Esel, und damit ist eine weitere genanalytische

Bearbeitung der Kreuzung unmöglich. Manchmal gelingt die Rückkreuzung mit der einen oder der andern Elternart. Die Sterilität der Artbastarde kann chromosomal bedingt sein, wenn die Chromosomenzahlen der Elternarten oder ihre chromosomalen Strukturen voneinander so stark abweichen, daß eine Paarung der Chromosomen nicht zustande kommt und dadurch zu starke Störungen in der Meiose eintreten. Sie kann aber auch, und das ist häufiger der Fall, genisch bedingt sein, da das cytologische Geschehen der Meiose und der Gametogenese von verschiedenen Genen bedingt ist und bei Störung des Gleichgewichts der Genwirkungen leicht bis zur Unmöglichkeit der Geschlechtszellbildung gestört sein kann. Oft ist die Sterilität sowohl chromosomal wie genisch bedingt. Nur in den seltenen Fällen, in denen es im Artbastard zu einer ungestörten Paarung der Chromosomen und zur Ausbildung funktionsfähiger Gameten kommt, ist volle Fruchtbarkeit und Gültigkeit der *Mendel*schen Gesetze zu erwarten. So wurde von *E. Baur* und seiner Schule die Artkreuzung *Antirrhinum majus* × *Antirrhinum molle* durch mehrere Bastardgenerationen einer eingehenden Analyse unterworfen. Für viele Eigenschaften konnte dabei Spaltung nach den *Mendel*schen Regeln festgestellt werden, außerdem das Auftreten neuer Eigenschaften durch die Rekombination von Erbfaktoren der Ausgangsarten. Ähnliche Erbanalysen konnten durch Artbastardierungen innerhalb der Gattungen *Canna, Dianthus* und *Nicotiana* durchgeführt werden. Bis zu einer wirklich vollständigen Erbanalyse konnte man allerdings in allen diesen Fällen nicht gelangen, was angesichts des hochgradig polyhybriden Charakters solcher Kreuzungen eine kaum zu bewältigende Arbeitsleistung darstellen würde. Bei Tieren sind die technischen Schwierigkeiten noch größer. Daher sind bei Sphingiden und anderen Schmetterlingen und bei Vögeln, bei denen die Herstellung fruchtbarer Artbastarde gelang, die Erbanalysen noch weniger vollkommen durchgeführt. Es gibt

Fälle, in denen die *Mendel*sche Spaltung und Rekombination empfindlich gestört erscheint, wie z. B. in der F_2-Generation des Artbastards *Nicotiana rustica* × *Nicotiana paniculata*. Hier treten sehr viele mehr oder weniger rustica-ähnliche Formen und sehr wenig reine paniculata-Formen auf, während die Mittelformen und die mehr oder weniger paniculata-ähnlichen Formen fehlen. Die Kombinationen mit einer Beimengung von rustica-Chromosomen zu einem vorwiegenden Bestand von paniculata-Chromosomen sind nicht lebensfähig, wohl aber umgekehrt. Die Störung der *Mendel*-Zahlen ist also hier genisch bedingt.

Allopolyploidie. *Raphanus sativus,* der Rettich, läßt sich mit *Brassica oleracea,* dem Kohl, kreuzen. Beide Arten haben die haploide Chromosomenzahl 9. Der F_1-Bastard mit 18 Chromosomen zeigt große Unregelmäßigkeiten bei der Meiose und ist fast ganz steril. Hie und da kommt es durch Entfall der Reduktionsteilung zur Bildung von diploiden Gameten mit 18 Chromosomen. Aus der Vereinigung solcher Gameten erhält man in seltenen Fällen F_2-Pflanzen, die 36 Chromosomen haben und sich als voll fruchtbar erweisen. Die Meiose verläuft nun klaglos, da der Chromosomensatz jeder der beiden Elternarten diploid vorhanden ist und so eine Paarung der homologen arteigenen Chromosomen erfolgen kann. Es bilden sich dabei Gameten mit je neun *Raphanus*- und neun *Brassica*-Chromosomen und die nächste Generation ist daher wieder genau so zusammengesetzt. Diesen Zustand nennt man Allopolyploidie. Da es niemals zu einer Paarung und Rekombination zwischen den artfremden Chromosomen kommt, erfolgt keinerlei Aufspaltung, der tetraploide Bastard ist ein konstanter Bastard. In seinen Eigenschaften nimmt er eine Mittelstellung zwischen den in vieler Beziehung recht unähnlichen Ausgangsarten ein, wobei einzelne Eigenschaften der einen oder der andern Art vorherrschen. Jeder Systematiker würde die so entstandene „*Raphanobrassica*" ohne Kenntnis ihrer Herkunft für eine gute Art halten, sogar vielleicht für eine eigene Gattung.

Die Herstellung solcher „neuen Arten" durch Artbastardierung mit nachfolgender Allopolyploidie ist bisher in über 30 Fällen gelungen, besonders in den Gattungen *Nicotiana, Primula, Digitalis* und *Crepis* und ist wohl auch in der Natur wiederholt vorgekommen, und damit eine Möglichkeit der natürlichen Artbildung bei Pflanzen. Durch Artbastardierung innerhalb der Schmetterlingsgattung *Pygaera* wurden übrigens auch allopolyploide Formen erzielt.

Der Oenothera-Fall. Äußerst komplizierte Verhältnisse haben sich bei Artkreuzungen innerhalb der Gattung *Oenothera*, der Nachtkerze, ergeben. Die Kreuzung *Oenothera biennis* × *Oenothera Lamarckiana* gibt in der F_1-Generation zwei stark verschiedene Typen — ein Verstoß gegen die Uniformitätsregel — die man *Oenothera lata* und *Oenothera velutina* genannt hat und die in den folgenden Generationen konstant bleiben. Die reziproke Kreuzung *Oenothera Lamarckiana* × *Oenothera biennis* gibt in der F_1-Generation nur schwache sterile Pflanzen. Artkreuzungen zwischen *Oenothera biennis* und *Oenothera muricata* geben stets patrokline, d. h. jeweils nur dem Vater ähnliche Bastarde, die fast rein weiterzüchten. Andere Artkreuzungen geben in der F_1-Generation sogar vier verschiedene Typen, die bei Selbstung zum Teil konstant sind, zum Teil *Mendel*sche Spaltung zeigen. Alle diese komplizierten Verhältnisse ließen sich recht befriedigend durch die Annahme erklären, daß die meisten wildlebenden *Oenothera*-Arten keine gewöhnlichen Arten, sondern permanente Bastarde sind, in denen außerdem verschiedene Letalfaktoren die Herstellung gewisser Kombinationen verhindern oder sich auf die Eizellen oder den Pollen letal auswirken. So ist *Oenothera Lamarckiana* aus den Genomen „*velans*" und „*gaudens*" zusammengesetzt, deren homozygote Zustände letal sind, daher *Oenothera Lamarckiana* auch stets zur Hälfte taube Samen hat. *Oenothera biennis* besteht aus den Genomen „*albicans*" und „*rubens*", kann beide Genome durch die Eizellen übertragen, durch den Pollen aber nur das Genom *rubens*, da alle *albicans*-Pollen steril sind. Bei *Oenothera muricata*, einem permanenten Bastard zwischen „curvans" und „rigens", sind alle *curvans*-Pollen und alle *rigens*-Eizellen letal. Diese Annahmen konnten durch mannigfache Untersuchungen an den Pollen und Samenanlagen gestützt werden. Ein besonderer Beweis für die Richtigkeit der Auffassung der *Oenotheren* als permanente Bastarde liegt in der cytologischen Feststellung, daß bei der Meiose die Chromosomensätze der einzelnen Genome durch eine eigentümliche Ringbildung vereinigt bleiben und es so zu keiner Rekombination der Chromosomen zwischen ihnen kommt. Es ist klar, daß unter so stark von der Norm abweichenden cytologischen Verhältnissen und durch die Wechselwirkung der Letalfaktoren die *Mendel*schen Regeln keine Gültigkeit mehr haben können.

Abstammungslehre und Vererbungslehre. Die Vererbungslehre ist durch die vollkommene Erschließung des Erbgutes und seiner Struktureigentümlichkeiten in der Lage, die für die Lösung der grundlegenden Fragen der Abstammungslehre notwendigen experimentellen Grundlagen zu liefern und damit diese Fragen aus dem Gebiet des reinen Theoretisierens in das exakter Behandlung zu überführen. Gegen die bereits sehr erfolgreiche Zusammenarbeit der beiden Disziplinen wurden — meist von außerfachlicher Seite — verschiedene unberechtigte Einwände erhoben. So hört man oft die Behauptung, alle von der experimentellen Genetik gefundenen Mutanten seien nur „Verlustmutanten", seien nur „negativ", „pathologische Mißbildungen" und könnten daher niemals das Ausgangsmaterial für eine Artbildung sein. Dem gegenüber sei festgestellt, daß bei verschiedenen Objekten im Laboratorium, auch in Röntgenversuchen, Kleinmutanten gefunden worden sind, die eine höhere Vitalität oder sonstige Eigenschaften zeigen, die durchaus als „positiv" zu werten sind. Auch manche von den grob morphologischen Mutationen haben Nebenwirkungen, die unter bestimmten Umweltbedingungen der Mutante einen Vorteil gegenüber der Normalform gewähren. Daß die meisten grob morphologischen Mutationen gleichzeitig die Vitalität oder Fertilität herabsetzen, ist gar nicht erstaunlich, wenn wir bedenken, daß wir den Genotypus der Wildform als ein sorgfältig ausgewogenes Gleichgewicht von optimalem Anpassungswert ansehen müssen, da er eben sonst in dieser Form nicht existieren würde. Daß eine wahllose, grobe Änderung in diesem Gleichgewicht fast immer von Nachteil sein muß, ist klar, wenn man an die äußerst komplexe Wechselbeziehung zwischen den Genwirkungen denkt. Das sagt noch nicht, daß die gleiche Mutation in einer andern Gengesellschaft, d. h, nach entsprechender mutativer Änderung anderer Gene, nicht von Vorteil sein könnte. Jedenfalls ist die potentielle genische Mannigfaltigkeit eines Genoms und die Zahl der zwischen seinen möglichen Allelen zu errechnenden Kombinationen so ungeheuer groß, daß sie allen Anforderungen genügt, die wir theoretisch an ein Material stellen können, das die Grundlage für die Artbildung darstellen soll. Tatsächlich zeigen ja die Erfolge der praktischen Züchter, daß aus diesem Material durch Auslese und Kombination Erbrassen geformt werden können, die in vieler Beziehung den Ausgangsrassen überlegen sind, wenn auch hier die Bedürfnisse des Menschen das Ziel bestimmten und nicht die natürlichen Lebenserfordernisse der Arten.

Wir können in der relativ hohen Stabilität der Allele, die als Normalgene das Genom der natürlichen Arten aufbauen, einen Anpassungscharakter sehen, der es den Lebensformen ermöglicht, ihre Eigenschaften vor einer unaufhaltsamen Zerstörung durch Mutationen zu bewahren. In diesem Sinn wurde auch die Tatsache zu erklären versucht, daß die meisten mutierten Allele gegenüber ihrem Normalallel rezessiv sind. Die Dominanz der Normalallele soll es diesen ermöglichen, auch im heterozygoten Zustand ihre für das Gengleichgewicht der Art günstigen Wirkungen zu entfalten und auf diese Weise eine Störung dieses Gleichgewichtes durch das Auftreten einer Mutation im heterozygoten Zustand zu vermeiden. Man nimmt an, daß daher Modifikationsgene in den Genotypus eingebaut worden sind, die die Dominanz der Normalallele bedingen. Tatsächlich konnte man durch Überführung bestimmter Normalallele in eine fremde Gengesellschaft durch Varietäten- oder Artkreuzungen deren Dominanz gegenüber ihren mutierten Allelen aufheben. Ebenso können wir die geschlechtliche Fortpflanzung, wie dies schon *Weismann* in seiner Amphimixis-Theorie ausführte, als eine Anpassung an die Notwendigkeit betrachten, durch Vermischung verschiedener Genome eine möglichst große Zahl von Kombinationen erblicher Eigenschaften herzustellen. Heute wissen wir, daß durch die Sexualität nicht nur eine stete Rekombination mütterlicher und väterlicher Chromosomen, sondern auch durch den Vorgang des Crossing-over eine noch viel intensivere Durchmischung und durch die Chromosomenaberrationen auch die Möglichkeit einer chromosomalen Umlagerung der elterlichen Erbmassen gewährleistet wird. So sehen wir auch die rein mechanischen Voraussetzungen für die Aufrechterhaltung eines jeweils bestangepaßten Gengleichgewichtes oder für seine möglichst rasche Wiederherstellung erfüllt.

Ähnlichkeit und Verwandtschaft. Die Systematik bemißt den Verwandtschaftsgrad von Arten fast ausschließlich an ihrer mehr oder weniger großen morphologischen Ähnlichkeit. Der Nachweis einer wirklichen Blutsverwandtschaft der lebenden Arten ist aber nur durch die Feststellung identischer Gene zu erbringen. Je mehr Gene zwei Arten gemeinsam haben, je gleichartiger die Allele sind, in denen diese Gene in den beiden Arten vertreten sind, und je ähnlicher die chromosomalen Eigentümlichkeiten des Genoms sind, desto näher ist ihre reelle Verwandtschaft. Der Nachweis identischer Gene und der Vergleich der chromosomalen Strukturen ist jedoch in vollkommener Weise nur bei völliger Fruchtbarkeit zwischen zwei Arten in mehreren Bastardgenerationen zu führen. Wo wenigstens die Herstellung eines sterilen F_1-Bastards gelingt, kann man durch Verwendung verschiedener Erbrassen zur Herstellung dieses Bastards die Dominanzverhältnisse zwischen den Allelen abprüfen und auf diese Weise auf ihre Identität schließen. Die sterilen Artbastarde zwischen *Drosophila melanogaster* und *Drosophila simulans* oder zwischen *Drosophila pseudoobscura* und *Drosophila miranda* ermöglichen die Identifizierung einer großen Zahl von diesen Arten gemeinsamen Genen. Der Vergleich der theoretischen Chromosomenkarten gestattet uns Aussagen über die strukturelle Verteilung der gemeinsamen Gene im Genom der verwandten Arten. Bei *Drosophila* tritt das Studium der Riesenchromosomen der Larven des Artbastards hinzu. Durch die Paarungsaffinität homologer Gene kommen hier in den Artbastarden die kompliziertesten Paarungsfiguren zustande: Paarungslücken, Inversions- und Translokationsfiguren, die uns zeigen, welche Teile der Chromosomen aus Folgen homologer Gene aufgebaut sind, wie diese verteilt sind und welche Teile der Chromosomen offenbar aus nicht gleichwertigem Material bestehen. Wo eine Artbastardierung überhaupt nicht möglich ist, sind wir darauf angewiesen, das Mutationsverhalten der Gene bei zwei Arten zu vergleichen. Wenn zwei Gene in zwei Arten Mutationen von gleicher oder sehr ähnlicher Erbwirkung zeigen, wenn die Kombinationen dieser mutierten Allele bei beiden Arten die gleichen Resultate ergeben, so können wir mit viel Wahrscheinlichkeit auf die Identität dieser Gene schließen. So scheint eine große Anzahl von Genen für die Augenfarbe von *Drosophila* allen Arten dieser Gattung gemeinsam zu sein. Das Gleiche gilt für viele, die Fellfarbe beherrschenden Gene bei verschiedenen Nagetieren. Ja, es scheint Gene zu geben, die der gemeinsame Besitz großer systematischer Einheiten, der Familien und Ordnungen sind. Der Vergleich der Chromosomenkarten von nicht kreuzbaren Arten zeigt, daß die Verteilung der vermutlich identischen Gene auf die Chromosomen und ihre Reihenfolge in ihnen durch die Annahme von in der Phylogenie eingetretenen Inversionen und Translokationen leicht verständlich wird. In Abb. 29 ist ein derartiges Beispiel für die nicht

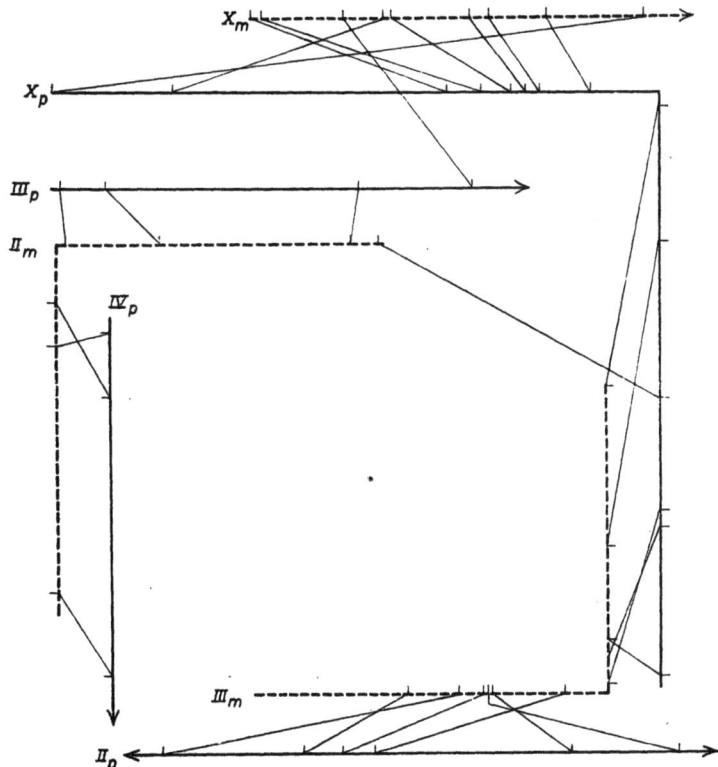

Abb. 29. Vergleich der theoretischen Chromosomenkarten von Drosophila pseudo-obscura (X_p, II_p, III_p, IV_p) und Drosophila melanogaster (X_m, II_m, III_m). Die Chromosomen von pseudo-obscura sind ausgezogen, die von melanogaster in durchbrochenen Linien dargestellt. Die vermutlich homologen Gene sind durch punktierte Linien verbunden. Nach *H. P. Donald*.

kreuzbaren Arten *Drosophila melanogaster* und *Drosophila pseudoobscura* wiedergegeben, in dem die wahrscheinlich identischen Gene durch punktierte Linien verbunden sind. Es zeigt sich, daß dem X-Chromosom von *melano-*

gaster ein Schenkel des X-Chromosoms von *pseudoobscura* entspricht, dessen anderer Schenkel aber einem Schenkel des III-Chromosoms von *melanogaster*. Der andere Schenkel des *melanogaster* III-Chromosoms entspricht dem II-Chromosom von *pseudoobscura*. Dem zweischenkeligen II-Chromosom von melanogaster entsprechen das III- und IV-Chromosom von pseudoobscura. Außerdem ist die Reihenfolge der Gene an mehreren Stellen durch Inversionen und Translokationen verändert. Die Frage der Phylogenie der Arten wird damit zur Frage der Phylogenie des Genoms vom genanalytischen und cytologischen Standpunkt aus. Ihre Lösung wird dadurch nicht einfacher, aber klarer.

Populationsgenetik. Wenn man natürliche Populationen genetisch untersucht, indem man eine Anzahl von Individuen vom natürlichen Standort mit bestimmten Methoden einer vollkommenen Genanalyse unterwirft, dann sieht man, wie nicht anders zu erwarten, daß solche Populationen keineswegs genisch homogen und in allen Allelen homozygot sind, sondern zahlreiche mutierte Allele, meist im heterozygoten Zustand enthalten. Bei *Drosophila* konnte man zahlreiche aus dem Laboratorium bekannte mutierte Allele, auch Letalfaktoren in großer Zahl, in natürlichen Populationen auffinden.

Die mathematischen Methoden zur grundlegenden Behandlung dieser Frage bilden den Inhalt der Populationsstatistik. Als mathematische Konsequenz der *Mendel*schen Regeln (S. 25) ergibt sich die *Hardy*sche Formel q^2 AA : $2q(1-q)$ Aa : $(1-q)^2$ aa als Ausdruck der idealen Gleichgewichtsverteilung der Dominant-Homozygoten, der Heterozygoten und der Rezessiv-Homozygoten in einer Population, in der das Gen A in zwei Allelformen vorkommt. Wenn u die spontane Mutationsrate für A → a ist, so wird sich die Häufigkeit q von A in einer Generation ändern nach $\triangle q = -uq$. Wir setzen zunächst voraus, daß A und a nicht durch einen verschiedenen Selektionswert unterschieden sind. Wenn die Häufigkeit der Rückmutation a → A gleich v ist, so ändert sich die Häufigkeit von A in einer Generation nach $\triangle q = -uq + v(1-q)$. Der Gleichgewichtszustand ist dann erreicht, wenn $\triangle q = 0$ ist. Der Gleichgewichtswert ist daher für $q = \dfrac{v}{u+v}$. Nehmen wir an, daß die spontane Mutationsrate $u = 0{,}00001$ ist, die Rückmutationsrate $v = 0{,}0000005$. Dann ist $q = \dfrac{0{,}0000005}{0{,}0000105} = 0{,}33$. Dies bedeutet, daß der Gleichgewichtszustand erst dann erreicht ist, wenn 33 % der Chromosomen das Allel A haben und 67 % das Allel a. Wenn Hin- und Rückmutationsrate gleich groß sind, dann ist $q = 0{,}5$ und die Verteilung von A und a entspricht der *Hardy*schen Formel. Der Mutationsdruck, das Resultat zwischen den Hin- und Rückmutationsraten, sucht also die erbliche Mannigfaltigkeit so lange zu steigern, bis in einer größtmöglichen genischen Mannigfaltigkeit der Population das Gleichgewicht für alle Gene erreicht ist. Damit haben wir eine der Kräfte kennengelernt, die die genotypische Dynamik einer Population beherrschen.

Die vorstehenden mathematischen Überlegungen gelten jedoch nur für eine ideale Population, d. h. für eine Population, die unendlich groß oder praktisch sehr groß ist, die sich ständig auf dieser großen Zahl erhält, deren einzelne Glieder eine zahlreiche Nachkommenschaft haben und in der die Kopulation eines jeden Individuums mit jedem beliebigen andern uneingeschränkt nur dem Zufall überlassen ist. Diese Voraussetzungen sind jedoch in Wirklichkeit niemals vollkommen und sehr oft fast gar nicht erfüllt. Die natürlichen Populationen sind manchmal arm an Individuen oder ihre Individuenzahl schwankt jahreszeitlich. Ihre einzelnen Pärchen haben oft nur eine geringe Zahl erwachsener Nachkommen. Die Paarung ist aus ökologischen Gründen nicht über das ganze Wohngebiet der Art hin rein zufallsmäßig möglich, sondern örtlich oder zeitlich so begrenzt, daß die Population praktisch in viele kleinere, unscharf abgegrenzte Fortpflanzungsgemeinschaften zerfällt. Dadurch aber entstehen ganz andere statistische Voraussetzungen. Nehmen wir an, daß in einer Population durch eine Mutation A → a ein Individuum Aa entstanden wäre, das sich mit einem Individuum AA paart. Als Nachkommenschaft wäre Aa : AA im Verhältnis 1 : 1 zu erwarten. Wenn das Pärchen nur zwei erwachsene Nachkommen hat, so werden aber, da die *Mendel*schen Regeln nur statistische Gesetzlichkeiten sind, nur in 50 % der Fälle 1 Aa- und 1 AA-Individuum erzeugt werden, in 25 % der Fälle jedoch 2 AA-Individuen und in 25 % der Fälle 2 Aa-Individuen. Es ist nun bei einer Population mit einer so geringen Nachkommenzahl pro Pärchen, d. h. mit einem so großen Verlust von potentieller Nachkommenschaft durchaus möglich, daß die weitere Erhaltung der Population gerade von den 2 AA-Individuen ausgeht — dann wird das eben entstandene Allel a unwiederbringlich verloren sein. Oder es werden die 2 Aa-Individuen die Population fortsetzen, dann wird a ungebührlich vermehrt werden. So kann es auf rein zufallsmäßigem Weg zum völligen Verlust oder zum Homozygotwerden des neuen Allels a in der Population kommen, also zu einer Verarmung an genischer Mannigfaltigkeit. Diese im Wesen der statistischen Gesetzlichkeit begründete Tendenz kleiner Populationen, genisch homogen zu werden, ist so stark, daß sie sich sogar in einem gewissen Maß gegen einen positiven oder negativen Selektionswert der betreffenden Allele auswirken kann. Man hat berechnet, daß von 10 000 mutierten Allelen ohne besonderen Selektionswert in einer kleinen Population nach 127 Generationen nur mehr 153 solcher Allele übrig sind, bei einem Selektionsvorteil dieser Allele von 1 % auch nicht mehr als 271 erhalten geblieben sind. Welche von den mutierten Allelen unter den übriggebliebenen sind, ist rein vom Zufall abhängig.

Dieser Verarmung an genischer Mannigfaltigkeit wirkt der Mutationsdruck allerdings ständig entgegen. Die kritische Zahl N für die Populationsgröße, von deren Größe es abhängt, in welchem Maß die geschilderten Vorgänge das

Geschehen beherrschen, ist nicht gleichzusetzen der Gesamtindividuenzahl, sondern nur der Anzahl der in tatsächlicher Fortpflanzungsgemeinschaft stehenden Individuen. Bei Populationen, deren Größe jahreszeitlichen Schwankungen unterliegt, nähert sich das wirksame N mehr der niedrigsten Populationsgröße. Bei kleinem N muß also unabhängig von allen Selektionsvorgängen in der Population die Tendenz vorhanden sein, durch rein zufallsmäßige Verarmung an genischer Mannigfaltigkeit in Lokalrassen zu zerfallen, die in sich homogen und untereinander genisch verschieden sind. Man hat berechnet, daß diese Tendenz zur Ausbildung von Standortrassen ohne allzu großen Verlust an genischer Mannigfaltigkeit gegeben ist, wenn die Produkte 4 Nu und 4 Nv nahe bei 1 liegen. Dies würde unter Zugrundelegung der bekannten durchschnittlichen Mutationsraten bei Fortpflanzungsgemeinschaften von Tausenden bis Zehntausenden von Individuen innerhalb einer Population der Fall sein. Und tatsächlich finden wir in der Natur viele Beispiele dafür, daß die geographische oder ökologische Isolierung von Fortpflanzungsgemeinschaften dieser Größenordnung innerhalb einer Art zur Lokalrassenbildung führt. Diese Lokalrassen erweisen sich bei künstlicher Kreuzung als erblich verschieden, ohne daß diese erblichen Merkmale irgendeinen positiven oder negativen Selektionswert aufweisen. Wenn man bedenkt, welche Bedeutung angesichts dieser populationsstatistischen Überlegungen den Schwankungen der Populationsgröße durch jahreszeitlich oder ökologisch bedingte Dezimierung der Individuenzahl, durch sonstige die Fortpflanzung einschränkende Faktoren oder durch eine plötzliche Beförderung der Vermehrung durch Eintritt günstiger Umweltbedingungen zukommt, versteht man es, daß bei der Untersuchung natürlicher Populationen oft große Unterschiede in ihrer genischen Mannigfaltigkeit gefunden werden.

Die vorstehenden Überlegungen gingen von der Anschauung aus, daß die natürlichen Populationen in Bezug auf die kritische Zahl N sich stabil verhalten oder Schwankungen unterworfen sind, die sich in einer Vermehrung oder Verminderung der Individuenzahl ausdrücken. Hiezu kommt aber noch als Komplikation, daß in den natürlichen Populationen Verschiebungen durch Wanderungen eintreten können und sicher sehr häufig eintreten. Solche werden zu einer Verwischung der Grenzen zwischen den Fortpflanzungsgemeinschaften führen und damit die genische Mannigfaltigkeit fördern.

Ein weiterer wichtiger populationsgenetischer Faktor ist der positive oder negative Selektionswert der durch bestimmte Allele bedingten erblichen Eigenschaften. Daß es einen solchen gibt und daß geographische Rassen einer Art sich tatsächlich durch erblich fixierte Eigenschaften von Selektionswert unterscheiden, ist in gewissen Fällen durch ausgedehnte erbanalytische Untersuchungen gesichert. So zeigte *F. Goldschmidt,* daß geographische Rassen von *Lymantria dispar* sich in der erblich bedingten verschieden langen Fraßzeit der Raupen unterscheiden, die der Länge der Vegetationsperiode ihrer Herkunftsländer angepaßt ist. Für die mathematische Behandlung von Selektionsfragen wird der Selektionskoeffizient s eingeführt, der ein Maß für den Vorteil oder Nachteil der betreffenden Allele ist. Die Auslese kann sich auf jene Gameten, bzw. Haplonten, beziehen, die Träger des Allels A oder a sind (Gonen-Selektion). In diesem Fall wird sich bei einer Mutationsrate von u für A → a und bei einem Selektionsvorteil von s für das Allel A die Genhäufigkeit q für das Allel A in jeder Generation ändern nach $\triangle q = -uq + sq(1-q)$. Das Gleichgewicht wird daher erreicht sein bei $q = 1 - \frac{u}{s}$. Bei höheren Organismen bezieht sich die Auslese häufiger auf die homo- bzw. heterozygoten Zustände zwischen den beiden Allelen (Zygotische Selektion). Der häufigste Fall wird der sein, daß das mutierte Allel a im homozygoten Zustand negativen Selektionswert hat, während das Normalallel A im homo- und heterozygoten Zu-

Populationsgenetik. 123

stand gleiche Lebenstüchtigkeit bewirkt. In diesem Fall ist das Gleichgewicht bei $q = 1 - \sqrt{\frac{u}{s'}}$ erreicht. Es gibt aber auch ungünstig wirkende dominante Mutationen der Normalallele, die im homo- und heterozygoten Zustand gleich ungünstig wirken. In diesem Fall liegt der Gleichgewichtswert bei $q = 1 - \frac{u}{s'}$. Bei einer Mutationsrate von $u = 0{,}000\,01$ und einem Selektionskoeffizienten von $s' = 0{,}001$ ergibt sich für den ersteren Fall $q = 0{,}90$, für den letzteren Fall $q = 0{,}99$. Das bedeutet, daß sich ein homozygot-rezessiv ungünstig wirkendes Allel in einer Population viel stärker ansammeln kann als ein dominant ungünstig wirkendes. Die Gegenauslese kann beim ersteren ja auch erst einsetzen, wenn genügend Homozygoten aa vorhanden sind. Tatsächlich zeigt das Studium natürlicher Populationen, daß sie sehr reich an ungünstig wirkenden Rezessiv-Allelen, sogar Letalfaktoren, im heterozygoten Zustand sind, aber ungünstig wirkende Dominanzallele nur sehr selten enthalten. Die mathematische Behandlung von Selektionsfragen zeigt, daß bei relativ geringem Selektionsvorteil eines Allels es sehr lange Zeiträume erfordert, bevor dieses Allel sich in der Population durchgesetzt hat. Nur bei höheren Selektionswerten erfolgt der Ersatz des ungünstigen durch das günstige Allel in absehbarer Zeit. Außerdem spielt auch hier die kritische Zahl N der Populationsgröße, bzw. der Fortpflanzungsgemeinschaft eine große Rolle. In Populationen, deren Größe oder deren Mutations- bzw. Selektionsdruck so gering ist, daß die Produkte $4NU$, bzw. $4Ns$ kleiner als 1 sind, erfolgt die Fixierung, bzw. der Verlust von Allelen rein nach dem Zufall.

Die Faktoren, die die genotypische Dynamik einer Art beherrschen, seien nochmals kurz zusammengefaßt: Der Mutationsdruck aller Gene, zusammengesetzt aus den spontanen Mutations- und Rückmutationsraten, ist bestrebt, die genische Mannigfaltigkeit zu steigern. Dem wirkt die Verarmung an Mannigfaltigkeit durch das Limit der Populationsgrößenzahl N entgegen. Die Bedeutung dieses limitierenden Faktors wird eingeschränkt durch den Wanderungsdruck. In dieses Geschehen greift die Auslese fördernd und hemmend ein, die in ihrer Wirksamkeit ihrerseits von den bereits genannten Faktoren modifiziert wird. Alle diese Faktoren ändern die genotypische Beschaffenheit der Population so lange, als irgendwelche Gene noch nicht im statistischen Gleichgewicht sind. Dieses Gleichgewicht wird aber praktisch niemals ganz erreicht werden, schon deswegen nicht, weil die genannten Faktoren selbst zum Teil keine Konstanten sind. Nicht nur die Zahl N ist eine schwankende Größe, auch der Selektionskoeffizient wird jahreszeitlich schwanken und durch klimatische oder sonstige Änderungen der Umwelt und Änderungen im Biotop verschiedene Werte annehmen. So ist der Bestand einer Art auch niemals ein „Sein", sondern ein „Geschehen".

Artbildungsfragen. Auf Grund der im Vorstehenden kurz angedeuteten Beziehungen zwischen Abstammungslehre und Vererbungsforschung ist es verständlich, daß die meisten Genetiker auf dem Boden des sogenannten Neodarwinismus stehen, der unter Berücksichtigung aller möglichen Bedenken in der durch Mutation und Selektion bewirkten Abänderung der Zusammensetzung der Gengesellschaft den hauptsächlichsten Weg der Artumwandlung und der Artbildung sieht. Jede lebende Art oder Varietät nimmt nach dieser Vorstellung einen „Anpassungsgipfel" in dem weiten Feld der möglichen Genkombinationen ein. Sie hält diesen Gipfel durch das ununterbrochene Kräftespiel ihrer genotypischen Dynamik. Sie kann aber auch durch dieses Kräftespiel von einem Gipfel zu einem andern hinüberwechseln. Ändern sich die Eigenschaften des „Feldes", d. h. der Anpassungswert aller theoretischen Genkombinationen durch Änderung der Umwelt, dann stirbt die Art aus oder sie muß durch Änderung ihres

Genotypus in einem benachbarten „Tal" einen neuen Anpassungsgipfel bilden. Die Voraussetzung der Bildung von „Anpassungsgipfeln" ist jedenfalls die Möglichkeit ihrer Isolation. Nur auf diesem Wege kann es zur Bildung von Arten als selbständige Fortpflanzungsgemeinschaften kommen. Zu den von der ökologischen Forschung aufgezeigten Möglichkeiten der geographischen, ökologischen und geschlechtlichen Isolation kommen noch die genetisch bewiesenen Möglichkeiten der chromosomalen und genischen Isolation hinzu. Bei der nordamerikanischen *Drosophila pseudoobscura* gibt es zwei Rassen, deren Wohngebiete sich zum Teil überschneiden, die aber miteinander nicht fruchtbar sind. Obwohl sie sich morphologisch überhaupt nicht unterscheiden lassen, liefern sie bei Kreuzung in Kultur nur einen völlig unfruchtbaren F_1-Bastard, dessen Sterilität auf genisch bedingten, schweren Störungen der Gametogenese beruht. Außerdem unterscheiden sie sich, wie die Riesenchromosomen der Bastardlarven zeigen, durch große invertierte Stücke in allen Chromosomen. Mit Recht hat man die eine Rasse als *Drosophila persimilis* zu einer eigenen Art erklärt, obwohl eine morphologische Unterscheidungsmöglichkeit von *Drosophila pseudoobscura* nicht besteht.

Für die natürliche Artbildung ist die Möglichkeit der sprunghaften Entstehung neuer Arten durch Polyploidie, durch Artbastardierung mit nachfolgender Allopolyploidie (S. 111), durch die Ausbildung permanenter Bastarde (S. 112) und ähnliche Vorgänge nicht zu vernachlässigen. Es ist sicher, daß eine ganze Reihe von Pflanzenarten polyploide Zustände anderer Arten darstellen oder daß zumindest die Vervielfältigung des Chromosomensatzes mit ein entscheidender Schritt bei der Artbildung war. Vielfach konnte die polyploide oder allopolyploide Struktur von natürlichen Arten experimentell dadurch bewiesen werden, daß solche Arten in ihre Komponenten „zerlegt" oder ähnliche Arten aus anderen mit geringerer Chromosomenzahl aufgebaut werden konnten.

Die Vorstellungen von der Umwandlung oder Entstehung von neuen Formen auf Grund von Genmutationen und Änderungen der chromosomalen Struktur sind wohl allgemein für das Gebiet der „Mikroevolution", d. h. für die Vorgänge der Varietäten- und Artbildung anerkannt. Die Ausdehnung dieser Vorstellung auf die „Makroevolution", d. h. die Frage der Entstehung größerer systematischer Einheiten entspricht zwar dem Prinzip der Denkökonomie, führte aber doch im einzelnen unter den Deszendenztheoretikern zu Meinungsverschiedenheiten, die hier nicht erörtert werden können. Für diese Fragen kann die Genetik leider bisher kaum experimentelles Beweismaterial beisteuern.

Wir haben unseren Betrachtungen in diesem Kapitel nur die Verhältnisse bei Arten mit sexueller Vermehrung zugrunde gelegt. Bei vegetativer oder parthenogenetischer Vermehrung entstehen genisch einheitliche Populationen, in denen sich die Mutabilität der Gene meist nur als somatische Mutation äußern kann. Für Organismen mit obligatorischer asexueller Vermehrung gelten überhaupt ganz andere Gesetzlichkeiten. Man kann bei solchen Organismen eigentlich nicht von Arten im gewöhnlichen Sinn des Wortes sprechen, sondern nur von Klonen. In ihnen erfolgt niemals eine Rekombination von Allelen durch die Vereinigung von Genomen. Die durch Mutationen genisch unterschiedenen Klone existieren und konkurrieren alle nebeneinander.

Dauermodifikationen. Durch längere Behandlung von Paramaecien mit Giftstoffen gelingt es, diese hochgradig resistent gegen diese Gifte zu machen und diese Giftfestigkeit bleibt auch in giftfreier Nährlösung in den folgenden Generationen erhalten. Erst allmählich klingt diese erworbene Eigenschaft ab, rascher, wenn Sexualvorgänge eingeschaltet werden. In diesem und ähnlichen Fällen handelt es sich um eine längere Zeit vorhaltende Umstimmung des Plasmas, sogenannte Dauermodifikationen. Eine echte Vererbung liegt nicht vor und für die Artbildung scheinen derartige Vorgänge keine Rolle zu spielen.

Vererbung erworbener Eigenschaften. Die Anschauungen *Lamarcks* von den treibenden Kräften der Artbildung haben bis in die jüngste Zeit vielfach die Frage nach der Vererbung von Eigenschaften, die durch die Einwirkung der Umwelt entstanden sind, zur Diskussion gestellt. Unsere Anschauungen von der Struktur des Genoms und den Eigenschaften seiner Bausteine lassen ganz allgemein kaum eine Denkmöglichkeit dafür zu, wie eine „somatische Induktion" zustande kommen sollte, d. h. auf welchen Wegen der modifizierende Einfluß der Umwelt im Genom als erbliche Eigenschaft fixiert werden sollte. Trotz vieler Bemühungen ist es auch niemals gelungen, in einwandfreien Versuchen die Erblichkeit einer durch Umwelteinflüsse erzeugten Eigenschaft nachzuweisen. Wohl entstehen durch Umweltfaktoren vielfach Formen, die bestimmten bekannten Genmutanten täuschend ähnlich sehen, sogenannte Phänokopien, die aber niemals erblich sind. Auch die nachweisbar erblichen Eigenschaften gewisser Lokalrassen können phänotypisch durch extreme Umweltbedingungen erzeugt werden und doch liegt der prinzipielle Unterschied in der mangelnden Erblichkeit solcher Modifikationen. Die Vererbungslehre muß auf Grund ihrer reichen Experimentalerfahrungen die Möglichkeit einer echten Vererbung von Modifikationen verneinen. Es wurde bereits früher darauf hingewiesen, daß es trotz vieler Versuche in dieser Richtung nicht gelungen ist, durch bestimmte Umweltfaktoren das Mutationsgeschehen der Gene in irgendeiner Weise richtend zu beeinflussen. Trotz dieser in der ganzen Entwicklung der Wissenschaft wohlbegründeten Einstellung der Vererbungslehre wird neuerdings wieder aus Züchterkreisen die Vererbung von durch Umwelteinflüsse erworbenen Eigenschaften behauptet und von extremen Vertretern dieser Anschauung wird sogar die gesamte exakte Grundlegung der modernen Vererbungsforschung durch die genanalytische Untersuchung, die Chromosomenlehre und die Genlehre verworfen. Soweit man bisher urteilen kann, stützt sich diese Richtung auf unkritisch verarbeitete Angaben, denen mangels einer zureichenden genanalytischen Prüfung des Materials keine Beweiskraft zugesprochen werden kann. Es ist nicht überflüssig, darauf hinzuweisen, daß diese Meinungsverschiedenheiten nicht das geringste mit weltanschaulichen, philosophischen oder politischen Meinungen zu tun haben. Auch die Frage der Vererbung erworbener Eigenschaften ist — wie jede exakt naturwissenschaftliche Frage — nur mit rein erfahrungswissenschaftlichen Methoden zu behandeln und zu lösen.

Die Vererbung beim Menschen.

Die Methoden und Ergebnisse der Erbforschung am Menschen sollen hier nur insofern kurz besprochen werden, als sie für die allgemeine Vererbungslehre von Bedeutung sind. Es würde den Rahmen dieses Buches weit überschreiten, wenn die uns begreiflicherweise am Herzen liegenden speziellen Ergebnisse und Probleme der Humangenetik und ihre vielfachen Beziehungen zu medizinischen, sozialen, psychologischen und ethischen Fragen beleuchtet werden sollten.

Methoden der Humangenetik. Da beim Menschen der planmäßige Kreuzungsversuch und der Selektionsversuch nicht in Betracht kommen, ist die Forschung auf die Anwendung anderer Methoden angewiesen. Die Erhebung des in der menschlichen Population vorliegenden Beobachtungsmaterials wird durch familienanamnestische Erhebungen ergänzt, wobei verschiedene Fehlerquellen, wie unbewußte Auslese, irreführende Angaben usw. zu berücksichtigen sind. In der Analyse von Familienstammbäumen können wir die Gültigkeit der *Mendel*schen Vererbungsgesetze nachweisen. Da beim Menschen die geringe Zahl der Nachkommen und die meist geringe Zahl der mit Sicherheit zu erfassenden Generationsfolgen eine statistische Sicherung der Ergebnisse innerhalb einzelner Stammbäume nicht zuläßt, ist die statistische Verarbeitung eines größeren Stammbaummaterials notwendig. Hiezu dienen verschiedene spezielle Methoden,

Methoden der Humangenetik.

z. B. die *Weinberg*sche Probandenmethode. Durch diese Methoden sollen vor allem Fehler ausgeglichen werden, die jedem am Menschen gesammelten Beobachtungsmaterial anhaften und auf einer unvermeidlichen Auslese beruhen. Nehmen wir an, daß ein rezessives Allel a im homozygoten Zustand eine auffallende Erbkrankheit bedingt, so werden wir von allen in ärztliche Beobachtung gelangenden aa-Fällen ausgehen und deren Verwandtschaft durchforschen. In dem so gesammelten Material wird sich jedoch ein „Rezessiven-Überschuß" ergeben, d. h. die Homozygoten aa werden zahlreicher vorhanden sein, als es bei rein rezessivem Erbgang in der aufgenommenen Individuenzahl der Fall sein dürfte. Dies beruht darauf, daß die Familien, in denen das Allel a nur in Heterozygoten vorhanden ist, aber zufällig während unserer Beobachtungsperiode nicht in Homozygoten erschienen ist, gar nicht erfaßt werden konnten und in der Rechnung fehlen. Dasselbe gilt auch in gewissem Maß für ein dominantes Allel A, das im heterozygoten Zustand eine schwere pathologische Erscheinung hervorruft. Wir erfassen zwar hier alle Aa-Individuen mit ihrer Verwandtschaft, es entgehen uns aber jene Familien, in denen nur gesunde aa-Nachkommen aus der Ehe eines bereits verstorbenen Aa-Individuums mit einem gesunden aa-Partner während unserer Beobachtungsperiode gelebt haben.

Eine besondere Methode der Humangenetik ist die Zwillingsforschung, die geeignet ist, die Rolle der Vererbung und der Umwelt für die Entfaltung verschiedener Eigenschaften zu klären. Es gibt beim Menschen Zwillingsgeburten, die auf der gleichzeitigen Befruchtung zweier verschiedener Eier beruhen. Solche „zweieiige" Zwillinge sind erblich genau so zu werten, wie sonst Geschwister. Sie sind statistisch in 50 % der Fälle gleichen, in 50 % verschiedenen Geschlechts. Es gibt aber auch „eineiige" Zwillinge, die wahrscheinlich aus einem einzigen befruchteten Ei auf diese Weise entstehen, daß nach der ersten Furchungsteilung die beiden Blastomeren getrennt werden und sich zu eigenen Foeten entwickeln. Die

Eineiigkeit eines Zwillingspaares ist mit einer gewissen Sicherheit am Geburtsbefund zu erkennen. Eineiige Zwillinge sind stets gleichen Geschlechts und haben genau den gleichen Genotypus, ein Fall, der bei der genischen Mannigfaltigkeit des Menschengeschlechts sonst niemals verwirklicht sein kann. Die Konkordanz in einer Eigenschaft bei eineiigen Zwillingen auch bei verschiedener Umwelt beweist die entscheidende Rolle der Erbmasse für diese Eigenschaft, die Diskordanz zeigt den modifizierenden Einfluß der Umwelt.

Genanalyse und Koppelung. Wir sind noch weit davon entfernt, auch nur annähernd eine Übersicht über die Zahl der Gene und ihrer Allele beim Menschen zu gewinnen. Viele in ihrem Erbgang gut bekannte Merkmale des Menschen sind mehr oder weniger seltene Erbleiden. Dies beruht darauf, daß solche Erscheinungen auffallend und vom Normalen scharf abzugrenzen sind, durch den Arzt zur Registrierung kommen und daher für eine erbanalytische Bearbeitung ein dankbares Material abgeben. Wenn eine bestimmte pathologische Veränderung als erblich erkannt und in ihrem Erbgang aufgeklärt wird, so heißt das natürlich soviel, daß wir damit ein Gen aufgedeckt haben, das in seinem Normalallel eine wesentliche Rolle bei der normalen Entfaltung der betreffenden, durch die Mutation ins Krankhafte verschobenen Eigenschaften spielt. Die erbliche Mannigfaltigkeit im Rahmen des Normalen bezieht sich vielfach auf Eigenschaften, wie Körpergröße, Eigentümlichkeiten des Skeletts, der Gesichtsbildung, die polymer erblich bedingt und außerdem zum Teil umweltlabil sind und dadurch der erbanalytischen Untersuchung Schwierigkeiten machen. Umweltstabile normale Eigenschaften, wie Haar- und Augenfarbe, Papillarlinienmuster der Finger, serologische Eigenschaften, sind schon weitgehend in ihrem Erbgang aufgeklärt. Eine neuere Liste der monofaktoriell bedingten und in ihrem Erbgang gut bekannten Erbmerkmale des Menschen umfaßt 65 autosomale und 22 geschlechtsgebundene Merkmale. Der Mensch hat haploid 24, diploid 48 Chromosomen, die Geschlechtsbestimmung erfolgt durch ein XY-Paar. Das Y-Chromosom ist jedoch nicht genleer, es hat vielmehr einen Abschnitt, der einem entsprechenden Teil des X-Chromosoms homolog ist und die gleichen Gene enthält, und einen kleineren Abschnitt, der eigene Gene führt. Das X-Chromosom hat einen langen Abschnitt, der kein Homologon im Y-Chromosom hat (Abb. 30). Auf dem homologen Abschnitt ist ein Genaustausch zwischen X- und Y-Chromosom möglich, die nicht homologen Abschnitte zeigen keinen Austausch. Dieser Typus hat sich auch bei einigen Säugetieren gefunden.

Die Erscheinung der partiellen Koppelung ist auch für den Menschen gesichert. Es erfolgt ein Genaustausch sowohl bei der Frau wie auch beim Mann, bei diesem scheinen die Austauschwerte geringer zu sein. Es liegen bereits die ersten Ansätze zur Aufstellung von theoretischen Chromosomenkarten für den Menschen vor, am besten ausgebaut ist die Chromosomenkarte des Heterochromosomenpaars, die als Beispiel in Abb. 30 vereinfacht wiedergegeben ist. Die eingezeichneten Gene dieser Koppelungsgruppe bewirken bei Mutation die folgenden Erbkrankheiten: 1. Retinitis pigmentosa (rp, Rp), eine Pigmententartung der

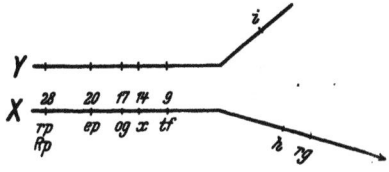

Abb. 30. Chromosomenkarte des XY-Chromosomenpaares des Menschen. Nach *Haldane* und *Snyder*. (Die homologen Abschnitte des X- und Y-Chromosoms sind durch parallele, die nicht homologen durch abgewinkelte Linien symbolisiert.)

Netzhaut, beginnt mit Einengung des Gesichtsfelds und kann bis zur Erblindung führen. Das Gen hat ein dominantes und ein rezessives krankheitsbedingendes Allel (multiple Allelie). 2. Epidermolysis bullosa gravis (ep), schwere angeborene Defekte der Haut, die in Blasen abgehoben und abgestoßen wird, auch die Schleimhaut des Mundes und der Luftwege ist befallen. Die Krankheit führt zum Tod bald nach der Geburt.

3. Morbus Oguchi (o), eine vor allem in Japan vorkommende Form der Nachtblindheit, der Augenhintergrund zeigt einen charakteristischen Goldglanz. 4. Xeroderma pigmentosum (x), trophische Störung der Haut, die an allen dem Licht ausgesetzten Körperstellen schon im Kindesalter Flecken und Naevi zeigt, später entstehen daraus Warzen, die krebsig entarten. Dieser Krebs führt meist zum Tod. 5. Totale Farbenblindheit (tf), eine seltene Form, die mit anderen Augendefekten verbunden ist. 6. Haemophilie (h), die bekannte Bluterkrankheit. 7. Rotgrünblindheit (rg), die bekannte, relativ häufige Form. 8. Ichthyosis hystrix gravior (i), eine übermäßige Verhornung der Haut, die in schuppenartigen Platten abgestoßen wird, um neuerlich zu verhornen. Die Betrachtung der Chromosomenkarte zeigt, daß beim Menschen drei Arten von geschlechtsgebundener Vererbung vorkommen: 1. Die gleiche geschlechtsgebundene Vererbung, wie wir sie für *Drosophila* kennengelernt haben, zeigen die Gene, die in dem langen Schenkel des X-Chromosoms lokalisiert sind, der keinen homologen Abschnitt im Y-Chromosom hat, z. B. die Haemophilie und die Rotgrünblindheit. 2. Der partiellen geschlechtsgebundenen Vererbung folgen jene Gene, die im X- und Y-Chromosom homolog vertreten sind. Da hier ein Crossing-over möglich ist, gehen ihre Allele bald mit dem X-, bald mit Y-Chromosom durch den Erbgang. Dieser unterscheidet sich von der autosomalen Vererbung nur durch die Koppelungsbeziehungen, in denen dadurch diese Gene abwechselnd mit den echten geschlechtsgebundenen Genen des X-Chromosoms und mit den Genen des Y-Chromosoms stehen. 3. Der Erbgang der dem kurzen, nicht homologen Abschnitt des Y-Chromosoms eigentümlichen Gene ist eine reine Vater-Sohn-Vererbung. Diese Gene sind im weiblichen Genotypus niemals vertreten (holandrische Vererbung).

Genwirkung und Gengesellschaft. Auch beim Menschen sind die Normalallele meist dominant über die mutierten Allele, doch kommt auch das Umgekehrte vor. Beim Menschen beobachtet man häufig die Erscheinung des sogenannten Dominanzwechsels. Dies beruht wohl auf gewissen, in der menschlichen Population ungleich verteilten Modifikationsgenen und außerdem auf der auch beim Menschen häufigen Erscheinung der multiplen Allelie. Die gleiche Eigenschaft kann einmal durch ein dominantes, ein andermal durch ein rezessives mutiertes Allel eines bestimmten Normalallels bewirkt werden. Multiple Allelserien bestimmen auch die Haarfarbe, die Körpergröße, die Blutgruppenzugehörigkeit. Der Manifestationsgrad vieler Gene ist abhängig von der übrigen Gengesellschaft. Besonders deutlich ist diese Erscheinung bei einer Reihe von Genen, die sich im weiblichen und männlichen Geschlecht verschieden stark manifestieren, z. B. eine Form der erblichen Kahlköpfigkeit (geschlechtskontrollierte Vererbung). Die Erscheinung der Polymerie und der Epistase ist beobachtet und erschwert oft die Genanalyse. Die pleiotrope Wirkung der meisten Gene tritt bei krankheitsbedingenden Mutationen besonders deutlich in Erscheinung. So zeigt die rezessive Erbkrankheit der Phenylketonurie angeborenen Schwachsinn und das Auftreten von Phenylbrenztraubensäure im Harn. Die dominante Osteopsathyrosis bewirkt erhöhte Brüchigkeit der Knochen, eine blaue Verfärbung der Sklera des Auges und Schwerhörigkeit. Das erbliche *Laurence-Moon-Biedl*-Syndrom besteht aus Fettsucht mit mangelhafter Geschlechtsreife, Netzhautdegeneration, Idiotie und Neigung zur Vermehrung der Fingerzahl. Man nimmt hier zur Erklärung dieser sehr komplexen Erscheinung ein Eingreifen der Genwirkung in die Entwicklung des Zwischenhirns in der Embryogenese an. Auch Letal- und Subletalfaktoren dürften beim Menschen vorhanden sein.

Mutationsrate. Es gibt bisher eine indirekte und eine direkte Schätzung der Mutationsrate beim Menschen. Die tatsächliche Häufigkeit der Haemophilie müssen wir als ein natürliches Gleichgewicht zwischen dem Mutationsdruck und dem negativen Selektionsdruck dieser Mutante ansehen. Da wir statistisch feststellen können, daß die durchschnittliche Zahl der Nachkommen von Blutern bedeutend geringer ist als die des Durchschnitts der Bevölkerung, müssen wir der Krankheit einen hohen negativen Auslesewert zusprechen. Sie wäre also schon längst ausgestorben, wenn sie nicht immer wieder durch die Mutation H → h neu entstehen würde. Die aus der gegebenen Häufigkeit der Krankheit und ihrem statistisch ermittelten negativen Selektionswert errechnete Mutationsrate ist etwa 1 : 50 000. Eine direkte Berechnung gestattet uns die seltene, aber sehr auffallende und bestimmt dominante Erbkrankheit der tuberösen Sklerose (Epiloia), die sich durch die Entstehung eines Adenoma sebaceum um Nase und Wange, Fibromen an inneren Organen, Glia-Knoten im Hirn und Schwachsinn äußert. Wo diese Erkrankung auftritt, ohne bei einem Elter des Erkrankten vorhanden gewesen zu sein, handelt es sich um eine Mutation. Aus einer Statistik wurde die Mutationsrate als 1 : 60 000 bis 120 000 berechnet. Diese Mutationsraten liegen durchaus in der Größenordnung, die uns von den häufigeren Mutationen von *Drosophila* z. B. 1 : 80 000 für die Mutation W → w, bekannt sind.

Populationsgenetik. Die heute lebende Menschheit ist, biologisch gesehen, eine Art. Die „großen Menschenrassen" sind Varietäten. Die vom Anthropologen zu Ordnungszwecken vorgenommene Untergliederung in kleinere Rassen, wie die nordische, ostische, dinarische usw. ist insofern fiktiv, als diese Rassen wahrscheinlich niemals als selbständige Fortpflanzungsgemeinschaften in annähernd reiner Form existiert haben. Ihre genische Mannigfaltigkeit ist nur statistisch unterschiedlich. Die menschliche Population ist, verglichen mit Pflanze und Tier, zahlenmäßig nicht sehr groß und war in prähistorischen Zeiten noch viel kleiner. Der dadurch bedingten Tendenz zur Lokalrassenbildung wirkte von jeher der relativ geringe Inzuchtgrad des Menschen und vor allem der hohe Wanderungsdruck entgegen, unter dem die Menschheit steht. Seit sie die Erdoberfläche dichter besiedelt hat, fällt auch die Möglichkeit der geographischen Isolation fort. All dies zeigt sich in der großen genischen Mannigfaltigkeit der Menschheit und in dem heute schon bestehenden Mangel an kleinen, wohlabgrenzbaren, genisch einheitlichen Gruppen. Als Polymorphismus hat man die Erscheinung bezeichnet, daß gewisse Gene in der ganzen Menschheit in mehreren Allelformen vorkommen, deren Verteilung einem offenbar phylogenetisch uralten Gleichgewicht entspricht oder einem solchen zuzustreben scheint. Die Fähigkeit, den bittern Phenylthioharnstoff in stark verdünnter Lösung zu schmekken, ist nicht bei allen Menschen gleich. 70 — 75 % aller Menschen schmecken diesen Stoff schon bei einer Verdünnung von 50 : 1 Million, 25 — 30 % der Menschen aber erst bei 400 : 1 Million. Dieser scharfe Unterschied in der unteren Schwelle der Geschmacksempfindung ist erblich, alle „Nichtschmecker" sind homozygot in einem Allel tt, alle „Schmecker" sind TT oder Tt. Wie ausgedehnte Untersuchungen zeigten, ist die Verteilung der Allele T und t in der ganzen Menschheit vollkommen gleich und entspricht der *Hardy*schen Formel (S. 118). Das weist darauf hin, daß die Mutationsrate T → t gleich ist der Rückmutationsrate t → T und daß die Allele keinen Selektionswert haben. Würde ihnen ein uns unbekannter Selektionswert durch eine pleiotrope Nebenwirkung zukommen, dann wäre das Gleichgewicht nur durch eine verschieden hohe Mutations- und Rückmutationsrate zu erklären. Interessanterweise scheint die gleiche Häufigkeitsverteilung dieser Allele auch bei Menschenaffen vorhanden zu sein. Ein anderes stabiles Gleichgewicht in der ganzen Menschheit zeigt der sogenannte Rhesus-Faktor. Es handelt sich hier um zwei Allelformen eines Gens, das serologische Eigenschaften des Blutes bedingt und dessen Entdeckung zur Aufklärung des Icterus haemolyticus (Erythroblastosis) der Neugeborenen geführt hat. Etwa 13 % der Menschheit sind homozygot rh rh, die anderen sind Rh Rh oder Rh rh. rh rh-Individuen sind imstande, Antikörper zu bilden, die Rh-Blut auflösen. Wenn daher eine rh rh-Frau ein durch die Rh-Zugehörigkeit ihres Ehepartners erzeugtes Rh rh-Kind austrägt, so bilden sich unter dem Einfluß des kindlichen Blutes in ihrem Blut diese Antikörper und gehen in das Blut der Leibesfrucht über. Besonders bei späteren Geburten, wenn sich schon größere Mengen von Antikörpern im mütterlichen Blut durch die vorhergegangenen Schwangerschaften angesammelt haben, wirkt sich dies beim Neugeborenen durch einen schweren haemolytischen Icterus aus. Durch Transfusion von rh rh-Blut ohne Antikörper kann der Blutverlust des Neugeborenen behoben werden, bis die Antikörper in seinem Blut verbraucht sind.

Die klassischen Blutgruppen A, B, AB und o sind ebenfalls vollkommen umweltstabile erbliche Eigenschaften, die offensichtlich keinen Selektionswert haben. Die sie bestimmenden multiplen Allele sind jedoch in der Menschheit nicht gleichmäßig verteilt, sondern ihre Häufigkeit zeigt ein interessantes Gefälle. Die Häufigkeit der Blutgruppe B ist in Indien am größten und nimmt gegen Westen immer mehr ab, um in Westeuropa ihr Minimum zu erreichen. Streuvölker, wie die Zigeuner, zeigen noch den Häufigkeitsgrad von B ihrer indischen Urheimat. Bei Buschmännern fehlt die Blutgruppe A und daher auch AB, bei gewissen Australureinwohnern fehlen die Blutgruppen B und AB. Wir haben vielleicht hier Fälle vor uns, in denen in kleinen, seit langem abgeschlossenen Populationen eine Verarmung an genischer Mannigfaltigkeit auf rein statistischem Wege eingetreten ist.

Bei der Beurteilung der Verteilung seltener Allele, z. B. der die Erbleiden bedingenden Allele in der menschlichen Population, bedienen wir uns der *Hardy*schen Formel $q^2 : 2q(1-q) : (1-q)^2$ für das Häufigkeitsverhältnis von AA : Aa : aa. Die Häufigkeit dieser Allele in der Bevölkerung wird bedingt durch den uns im einzelnen unbekannten Mutationsdruck in seiner Wechselwirkung mit dem negativen Selektionsdruck. Dieser wird für die verschiedenen Erbleiden verschieden hoch sein, je nachdem, wie schwer die Sympto-

Populationsgenetik.

me sind, in welchem Grad sie die Aussicht herabsetzen, Nachkommen zu erzeugen, und vor allem je nachdem, in welchem Lebensalter sich die Erbkrankheit manifestiert. So wäre die negative Auslese bei der Schizophrenie viel größer, wenn diese Krankheit nicht erst häufig in einem Alter ausbrechen würde, in dem der Erkrankte bereits Kinder gezeugt hat. Wenn wir eine auf der Homozygotie eines rezessiven Faktors aa beruhende Erbkrankheit einmal unter 10 000 Gesunden finden, so sind 2 % der Population, also 200 Personen heterozygot Aa, also Überträger des Allels a. Diese Heterozygoten sind allerdings nicht gleichmäßig über die Population verteilt, sondern in der Erbnähe des Homozygoten häufiger. Wenn ein auf der dominanten Wirkung des Faktors A beruhendes Erbleiden als Aa-Individuum einmal unter 10 000 aa-Gesunden zur Beobachtung kommt, dann muß es im heterozygoten Zustand 40 000mal häufiger sein, als im homozygoten Zustand AA, d. h. wir haben ein AA-Individuum erst mit der Wahrscheinlichkeit 1 : 100 Millionen zu erwarten. Wir kennen daher die homozygoten Zustände der dominanten Erbleiden wahrscheinlich gar nicht, sie dürften in ihrer Wirkung letal sein. Für die geschlechtsgebunden rezessiv vererbten Eigenschaften gilt die *Hardy*sche Formel nur für die Frauen, während bei den Männern die entsprechenden Allelhäufigkeiten $A : a = q : (1 - q)$ sind. Das Verhältnis der Häufigkeit von haemophilen Männern zu haemophilen Frauen ist daher $(1 - q) : (1 - q)^2 = 1 : (1 - q)$. Wenn wir also einen haemophilen Mann unter 10 000 Gesunden finden, dann ist eine haemophile Frau 5000mal seltener zu erwarten. Man hat die weiblichen Bluter daher mit Sicherheit noch niemals beobachtet. Wenn wir unter den Vertretern einer bestimmten Erbeigenschaft nur einen relativ kleinen Überschuß an Männern finden, so sind wir deshalb nicht berechtigt, diese Eigenschaft auf ein geschlechtsgebundenes Gen zurückzuführen, wie dies oft irrtümlich geschieht, sondern wir können daraus nur auf einen verschieden hohen Manifestationsgrad im männlichen und weiblichen Genotypus, also auf eine relativ geschlechtskontrollierte Vererbung schließen.

Zusammenfassend können wir sagen, daß die grundlegenden Tatsachen der Vererbung, des Aufbaus der Erbmasse und der Wirkungsart der Gene, wie wir sie durch die experimentelle Genetik für Pflanze und Tier kennengelernt haben, durch die Humangenetik auch beim Menschen gefunden werden konnten. Die Humangenetik kann infolge der Eigenart ihres Objektes nur durch langfristige Sammlung von Material, durch äußerste Vorsicht bei seiner Verwertung und unter Rücksicht auf die praktischen Bedürfnisse der Medizin und Sozialhygiene in ihrer Arbeit fortschreiten.

Erklärung der wichtigsten Fachausdrücke.

Aberration, siehe Chromosomen-Aberration.

Abstoßung nennt man die der Koppelung analoge Erscheinung, die die Rekombinationszahlen in der dihybriden Kreuzung zweier im gleichen Chromosom lokalisierter Erbfaktoren beeinflußt, wenn man diese Faktoren getrennt in die Kreuzung eingeführt hat.

Allel = allelomorpher Faktor. Erbfaktoren, die sich im Bastardversuch nach der *Mendel*schen Spaltungsregel für Monohybride verhalten. Sie treten im diploiden Organismus als Allelomorphenpaare auf. Die Allele sind Zustandsformen eines Gens, die durch Mutation und Rückmutation ineinander übergehen können. Sie liegen daher in den homologen Chromosomen an homologen Orten. Alle möglichen Allele eines Gens bilden eine multiple Allelserie.

allopolyploid sind Organismen, deren Chromosomensatz aus zwei oder mehr artfremden Chromosomensätzen zusammengesetzt ist, daher die Summe der Chromosomenzahlen dieser Arten zeigt.

attached-X nennt man eine Erbrasse, deren X-Chromosomenpaar bei der Meiose nicht getrennt, sondern als Paar weitergegeben wird, sodaß Gameten mit zwei und solche ohne X-Chromosom entstehen. Dies hat bestimmte Konsequenzen für die Vererbung der geschlechtsgebundenen Gene.

Austauschwert ist der Prozentsatz der Neukombinationen gekoppelter Erbfaktoren in der F_2-Generation, den wir uns durch Stückaustausch zwischen den homologen Chromosomen erklären.

Autosomen nennt man alle Chromosomen eines Satzes mit Ausnahme der Hetero- oder Geschlechtschromosomen.

Bastard nennt man das unmittelbare Resultat einer Kreuzung von erblich verschiedenen Rassen oder Arten. Im weiteren Sinne spricht man auch bei den weiteren, dieser Kreuzung folgenden Generationen von Bastardgenerationen.

Bivalent ist die durch die Paarung von zwei homologen Chromosomen in der Meiose von diploiden Organismen gebildete Gruppe. Sinngemäß spricht man von Trivalenten, Quadrivalenten usw. bei polyploiden Formen.

Chiasma ist eine cytologisch nachweisbare Verbindungsstelle zwischen den homologen Chromosomen eines Paares in den Vorstufen der Meiose. Die Chiasmen sind der Ort des Stückaustausches der Chromosomen (Crossing-over).

Chimaeren sind Organismen, die aus genotypisch verschiedenen, meist artfremden Gewebsanteilen oder Körperteilen zusammengesetzt sind.

Chromatin ist ein Sammelname für die mit bestimmten basischen Farbstoffen elektiv färbbaren Substanzen des Zellkerns und der Chromosomen. Chemisch besteht es aus Nukleoproteiden.

Chromomeren sind Körnchen aus Chromatin, die in den Vorstufen der Meiose und der Mitose in reihenförmiger Anordnung entlang dem Chromonema festzustellen sind, aber auch sonst die Elemente des Chromosomenbaues darstellen. Sie sind die sichtbaren Äquivalente der Gene.

Chromonema ist der Faden, der die Grundlage des Chromosoms bildet. An ihm sitzen die Chromomeren. Die Chromonemen erscheinen in den Vorstufen der Meiose gestreckt, in den Chromosomen der Teilungsstadien selbst stark spiralisiert und dementsprechend verkürzt. Durch diese Spiralisierung werden die Chromomeren einander so stark genähert, daß sie eine kompakte Chromatinmasse zu bilden scheinen.

Chromosomen-Aberrationen nennt man alle durch Umlagerung, Verdoppelung oder Verlust von genhaltigen Chromosomenabschnitten zustandegekommenen Abweichungen von der normalen Anordnung der Gene im Chromosomensatz. In weiterer Fassung des Begriffes „Mutation" werden die C.-A. oft auch „Chromosomen-Mutationen" genannt.

Chromosomenkarte, theoretische (= *Genkarte, theoretische*) ist eine graphische Darstellung des Chromosoms, in der die Gene einer Koppelungsgruppe in linearer Anordnung und in ihren Austauschwerten entsprechenden Distanzen eingetragen sind.

Chromosomenkarte, reale, ist eine Wiedergabe der reellen Lagerung der Gene im Chromosom, zu der wir aus dem Vergleich der theoretischen Chromosomenkarte mit dem Riesenchromosomenbau bei Dipteren gelangen können.

Chromozentrum ist der aus Heterochromatin bestehende Anteil des Chromosoms. Die Riesenchromosomen mancher Dipteren, zum Beispiel von Drosophila-Arten, hängen im Chromozentrum miteinander zusammen.

Crossing-over oder *Cross-over.* Der Vorgang des Stückaustausches zwischen homologen Chromosomen, der zum Genaustausch und damit zum Durchbruch der Koppelung oder der Abstoßung zwischen Erbfaktoren einer Koppelungsgruppe führt. Cross-over-Wert = Austauschwert.

Deletion ist der Verlust eines Chromosomenstückes mit den darin befindlichen Genen.

dihybrid ist ein Bastard aus der Kreuzung von zwei Eltern, die sich in zwei verschiedenen erblichen Merkmalen unterscheiden. Auch eine solche Kreuzung heißt dihybrid, ebenso die für eine solche Kreuzung charakteristische Art der Spaltung in der F_2-Generation.

Erklärung der wichtigsten Fachausdrücke.

Diplobionten sind Organismen, die ihr Leben ausschließlich in der diploiden Kernphase zubringen. Nur ihre Gameten sind haploid.

diploid ist ein Chromosomensatz, der aus zwei homologen, haploiden Sätzen besteht. Zellen und Organismen mit diploiden Chromosomensätzen sind Diplonten.

Diplophase ist die diploide Kernphase, eine Folge von Kerngenerationen mit der diploiden Chromosomenzahl.

Diplotaen ist eine Vorstufe der Meiose, in der die gepaarten Chromosomen durch Längsteilung bereits verdoppelt sind, daher auch Vierstrangstadium genannt.

Diskordanz ist das verschiedene Verhalten von Zwillingen in einer bestimmten, geprüften Eigenschaft.

dominant ist ein Erbfaktor über sein Allel, wenn seine Wirkung die Wirkung dieses Allels im heterozygoten Zustand vollkommen überdeckt. Die Dominanz zeigt sich im Bastard dadurch, daß er dem Homozygoten des dominanten Allels äußerlich gleicht.

Duplikation ist die Verdoppelung eines bestimmten Chromosomenabschnittes mit den darin liegenden Genen.

Epistase ist die Eigenschaft eines Erbfaktors, die Wirkung eines andern, ihm nicht homologen Erbfaktors zu überdecken. (Nicht zu verwechseln mit Dominanz!)

Erbfaktor, auch kurz *Faktor*, ist die hypothetische Wirkungseinheit, auf die eine erbliche Eigenschaft zurückgeführt wird. Der Erbfaktor ist als Spaltungseinheit im Bastardversuch nachweisbar. Dabei treten die Erbfaktoren als allelomorphe Paare auf.

Euchromatin ist der färberisch und chemisch von Heterochromatin unterschiedene Anteil des Chromatins, der die aktiven Gene enthält.

F_1-, F_2- usw. (Filial-) *Generation*. Die erste, zweite usw., auf eine Kreuzung zurückgehende Nachkommengeneration.

Gamet ist die weibliche oder die männliche Geschlechtszelle.

Gametophyt. Bei Pflanzen mit antithetischem Generationswechsel ist der Gametophyt die Generation, die aus der Spore entsteht und ohne Meiose die Gameten ausbildet. Der Gametophyt hat in der Regel die haploide Chromosomenzahl.

Gen ist die im Chromosom gelegene materielle Grundlage eines Erbfaktors. Das Gen hat mehrere Zustandsformen, die durch Mutation und Rückmutation ineinander übergehen können und sich im Erbversuch zu einander als Allele verhalten. Das Gen ist definiert als Spaltungseinheit, als Lokalisationseinheit und als Mutationseinheit.

Generationswechsel nennt man die bei niederen Pflanzen häufige Erscheinung, daß eine geschlechtliche, die Gameten bildende Generation, der Gametophyt, mit einer asexuellen, die Sporen bildenden Generation, dem Sporophyt, regelmäßig abwechselt. In der Regel entspricht diesem Generationswechsel der Kernphasenwechsel zwischen Haplophase und Diplophase.

Genom = *Gengesellschaft* ist die Gesamtheit der Gene eines Organismus und damit die Gesamtheit der vom Kern ausgehenden Erbwirkungen. Auch die Gesamtheit der Chromosomen wird oft als Genom bezeichnet.

Genotypus ist die Gesamtheit der erblichen Eigenschaften eines Organismus, korrekter ausgedrückt seine gesamte, erblich festgelegte Reaktionsnorm. Genotypisch nennt man ein Verhalten oder einen Unterschied, der durch das Erbgut bedingt ist.

Geschlechtschromosomen = *Heterochromosomen* nennt man ein durch seine Formeigentümlichkeiten meist cytologisch erkennbares Chromosomenpaar, das in einem, dem heterogametischen Geschlecht vieler genotypisch getrennt geschlechtlicher Organismen die Geschlechtsbestimmung bewirkt.

geschlechtsgebundene Vererbung ist eine besondere Form des Erbgangs, die darauf beruht, daß die Geschlechtschromosomen nicht nur die Geschlechtsbestimmung bewirken, sondern auch der Sitz vieler Gene sind, die mit dem Geschlecht nichts zu tun haben. Infolge der teilweise oder vollkommen genleeren Beschaffenheit des Y-Chromosoms zeigen die im X-Chromosom gelegenen Gene, die kein Allel im Y-Chromosom haben, den geschlechtsgebundenen Erbgang. Gene, die im X- und im Y-Chromosom homolog vertreten sind, zeigen die partielle geschlechtsgebundene Vererbung.

geschlechtskontrollierte Vererbung nennt man die Erscheinung, daß gewisse erbliche Eigenschaften nur oder vorwiegend im Genotypus des einen Geschlechts manifest werden.

Haplobionten sind Organismen, die ihr ganzes Leben in der haploiden Kernphase zubringen, nur die Zygote selbst ist diploid.

Haplophase ist die haploide Kernphase, eine Folge von Kerngenerationen mit der haploiden Chromosomenzahl.

Heterochromatin ist der färberisch und chemisch vom Euchromatin unterschiedene Anteil des Chromatins, der im Ruhekern deutlich sichtbar bleibt, keinen regelmäßigen Aufbau aus Chromomeren hat und keine aktiven Gene enthält.

Heterochromosomen, siehe Geschlechtschromosomen.

Heterogametie nennt man die Erscheinung, daß bei genotypischer Geschlechtsbestimmung das eine Geschlecht zwei Sorten von Gameten bildet, Weibchen-bestimmende und Männchen-bestimmende. Das andere Geschlecht, das homogametische, bildet nur eine einheitliche Sorte von Gameten. Bei vielen Tieren und den meisten dioecischen Pflanzen ist das männliche Geschlecht das heterogametische, bei Schmetterlingen und Vögeln das weibliche.

heteroploid ist ein Chromosomensatz, in dem einzelne Chromosomen eine Vermehrung oder Verminderung ihrer Zahl zeigen.

heterotypisch verläuft jener Teilungsschritt der Meiose, in dem keine Längsteilung der Chromosomen, sondern die Trennung der homologen Chromosomenpaare und damit die Halbierung der Chromosomenzahl erfolgt, daher Reduktionsteilung genannt.

heterozygot ist ein Individuum, das aus der Kreuzung von in einem oder mehreren Erbfaktoren verschiedenen Eltern hervorgegangen ist (einfach, doppelt usw. heterozygot). Der Begriff der Heterozygotie wird auch auf die Erbfaktorenpaare selbst angewendet. Ein heterozygotes Allelenpaar besteht aus zwei verschiedenen Allelen des gleichen Gens. Heterozygote Individuen zeigen bei Selbstung oder Kreuzung mit ihresgleichen die *Mendel*sche Spaltung.

homologe Chromosomen sind gleichartige Chromosomen, die durch die Vereinigung von zwei oder mehr haploiden Chromosomensätzen zusammengekommen sind und in den Vorstufen der Meiose oder bei anderen Gelegenheiten durch Parallelkonjugation miteinander in Paarung treten. Homologe Chromosomen besitzen in der Regel die gleichen Gene in der gleichen serialen Anordnung, sie bestehen aus homologen Orten.

homozygot ist ein Individuum, das in den betrachteten Erbfaktoren einheitlich, reinerbig ist. Homozygot ist ein Allelenpaar, das aus zwei gleichen Allelen eines Gens besteht.

Interferenz nennt man die Abweichung des tatsächlichen vom theoretisch erwarteten Doppelaustauschprozent, das sich aus der einfachen Austauschfrequenz ergeben müßte. Die Ursache der Interferenz ist die Erschwerung eines Austausches in der einer Austauschstelle benachbarten Region des Chromosoms.

intermediär nennt man die von beiden Elternformen beeinflußte Ausprägung eines Erbmerkmals bei einem Bastard. Bei intermediärer Vererbung ist die Heterozygotie in dem betreffenden Merkmal auch äußerlich sichtbar.

Inversion ist die Umkehrung eines bestimmten Abschnittes innerhalb eines Chromosoms. Die in diesem Abschnitt gelegenen Gene liegen dann in umgekehrter Reihenfolge.

Kernphasenwechsel ist der regelmäßige Wechsel zwischen Kerngenerationen mit der haploiden und mit der diploiden Chromosomenzahl. Er ist durch die beiden Kardinalpunkte der Meiose und der Befruchtung markiert.

Konkordanz ist das gleichartige Verhalten von Zwillingen in einer bestimmten, geprüften Eigenschaft.

Koppelung nennt man die Erscheinung, daß Erbfaktorenpaare, deren Gene im gleichen Chromosom gelegen sind, ganz (totale Koppelung) oder vorzugsweise (partielle Koppelung) gemeinsam durch den Erbgang gehen, wenn sie vereinigt durch den einen Elter in die Kreuzung eingebracht worden sind. Dadurch wird ihre freie Rekombination in der F_2-Generation aufgehoben bzw. eingeschränkt. Siehe auch Abstoßung.

Letalfaktoren sind Allele bestimmter Gene, die im homozygoten Zustand das Absterben der Zygote gleich nach der Befruchtung oder in ihrer frühesten Entwicklung bedingen (zygotische Letalfaktoren). Sie sind im heterozygoten Zustand entweder wirkungslos (rezessive Lf.) oder bewirken heterozygot die Änderung einer sichtbaren Eigenschaft. Es gibt auch Lf., die das Leben des Gameten unmöglich machen (gonische Lf.). Siehe Subletalfaktoren.

Locus ist der Genort im Chromosom bzw. auf der theoretischen Chromosomenkarte.

Meiose ist der Modus der Kernteilung, bei dem die Chromosomenzahl auf die Hälfte herabgesetzt wird. Die Meiose besteht stets aus zwei Teilungsschritten, bei einem von ihnen unterbleibt die Längsspaltung der Chromosomen. Die Prophase der Meiose ist stets durch eine lange dauernde, enge Paarung der homologen Chromosomen ausgezeichnet.

Mitose ist der gewöhnliche Modus der Kernteilung, bei der jedes Chromosom durch Längsteilung verdoppelt und diese Teilungsprodukte auf die Tochterkerne aufgeteilt werden.

Modifikation ist die Abänderung von Eigenschaften durch Umwelteinflüsse. Modifikationen sind nicht erblich. Auch Individuen und Individuengruppen mit solchen Abänderungen werden „Modifikationen" genannt. Dauermodifikationen sind Modifikationen, die nach Aufhebung des Umwelteinflusses erst allmählich, ev. erst nach mehreren Generationen abklingen.

multiple Allelie nennt man die Erscheinung, daß ein und dasselbe Gen in verschiedenen Mutationszuständen zur Beobachtung kommt, die alle zueinander im allelomorphen Verhältnis stehen.

Mutante ist eine auf Grund einer Mutation entstandene Linie oder Erbrasse. Auch ein durch eine Mutation charakterisiertes Individuum wird so genannt.

Mutation ist die sprunghafte, plötzliche, diskontinuierliche Änderung einer erblichen Eigenschaft. Heute wissen wir, daß der Vorgang der Mutation sich am Gen abspielt, eine Zustandsänderung des Gens darstellt. Es gibt spontane und experimentell induzierte Mutationen. Rückmutation ist der Vorgang, bei dem der ursprüngliche Zustand des Gens wiederhergestellt wird.

P- (Parental) *Generation* nennt man die Individuen, die zur Einleitung eines bastardanalytischen Versuchs miteinander gekreuzt werden.

Pfropfbastarde nannte man die im Gefolge einer Propfung enstandenen Chimaeren.

Phaenokopien sind durch Umwelteinwirkung herbeigeführte, nicht erbliche Änderungen verschiedener Eigenschaften eines Organismus, die den durch Mutation entstandenen erblichen Änderungen äußerlich mehr oder weniger ähneln.

Phaenotypus ist die Gesamtheit der Eigenschaften eines Individuums oder einer Rasse ohne Rücksicht auf ihre Erblichkeit. Verschiedenheiten zwischen Individuen oder Rassen, die auf die Wirkungen der Umwelt zurückgehen und nicht erblich sind, nennt man phaenotypisch.

Plasmon nennt man die erblich wirksamen Bestandteile des Plasmas und damit die Gesamtheit der vom Plasma ausgehenden Erbwirkungen.

Polymorphismus nennt man den Gleichgewichtszustand von genisch verschiedenen Formen innerhalb einer Art oder Rasse.

polyploid sind Zellen oder Organismen, deren Chromosomenzahl ein höheres Vielfaches der haploiden Zahl beträgt, angefangen von der dreifachen haploiden Zahl. Dementsprechend spricht man von triploiden, tetraploiden, pentaploiden usw. Zahlen.

Positionseffekt oder *Lagewirkung* nennt man die Abänderung der Genwirkung, die nach Verlagerung eines oder mehrerer Gene durch Chromosomen-Aberrationen bei den verlagerten und den ihnen benachbarten Genen in Erscheinung tritt.

Reduktionsteilung, siehe heterotypische Teilung. Im Gegensatz zur Äquationsteilung, die homöotypisch verläuft und mit einer gewöhnlichen Längsspaltung der Chromosomen verbunden ist.

rezessiv ist ein Erbfaktor gegenüber seinem Allel, wenn seine Wirkung von der Wirkung dieses Allels im heterozygoten Zustand vollkommen überdeckt wird. Rezessive Faktoren sind daher im Bastard phaenotypisch nicht zu erkennen.

Rückkreuzung ist die Kreuzung eines Bastards mit einem seiner homozygoten Eltern.

Sporophyt. Bei Pflanzen mit antithetischem Generationswechsel ist der Sporophyt die Generation, die aus der Zygote entsteht, asexuell ist und durch Meiose Sporen bildet. Der Sporophyt hat in der Regel die diploide Chromosomenzahl.

Subletalfaktoren sind Allele bestimmter Gene, die im homozygoten Zustand (rezessive Sf.) oder im heterozygoten Zustand (dominante Sf.) die Lebensfähigkeit eines Organismus so stark herabsetzen, daß er vor dem Erreichen seiner vollen Ausbildung abstirbt oder zumindest unfruchtbar bleibt.

Translokation ist die Verlagerung eines Chromosomenteiles mit den darin enthaltenen Genen an eine atypische Stelle im Chromosomensatz. Es gibt Translokationen innerhalb des gleichen Chromosoms (Verschiebungen, „shifts"), Verlagerungen eines Chromosomenstückes an ein nicht-homologes Chromosom (Translokation im engeren Sinn) und Austausch von Chromosomenstücken zwischen nicht-homologen Chromosomen (reziproke Translokation).

X-Chromosom ist jenes Chromosom des Geschlechtschromosomenpaares, das im homogametischen Geschlecht paarig, im heterogametischen aber nur einmal vertreten ist. Die in ihm lokalisierten Gene zeigen den geschlechtsgebundenen Erbgang, wenn ihnen keine homologen Gene im Y-Chromosom gegenüberstehen.

Xenien nennt man jene pflanzlichen Samen oder Früchte, die bereits an der Mutterpflanze ihren Bastardcharakter zeigen. Es sind Eigenschaften der Nährgewebe, der Kotyledonen oder des Endosperms, die diese Erscheinung bewirken, also Teile der jungen Pflanze selbst oder — das Endosperm — aus einer zweiten Befruchtung hervorgegangenes Gewebe.

Y-Chromosom ist das oder die im heterogametischen Geschlecht dem X-Chromosom als Partner gegenüberstehenden Chromosomen. Sie sind meist vom X-Chromosom cytologisch unterscheidbar und zum Teil oder ganz genleer. Beim XO-Typus fehlen sie ganz. Nur im Y-Chromosom lokalisierte Gene zeigen einen ausschließlich an das heterogametische Geschlecht gebundenen Erbgang.

Zygote ist das Verschmelzungsprodukt von Ei und Spermium oder überhaupt von zwei Geschlechtszellen und von ihren Kernen. Im weiteren Sinn wird auch der ganze diploide Organismus, der sich daraus entwickelt, als Zygote bezeichnet, also bei Pflanzen der Same und die Pflanze, bei Tieren der Embryo und das Tier in seinen verschiedenen Entwicklungsstadien.

Literaturverzeichnis.

Die folgende Liste bringt eine Auswahl von Büchern, die zur weiteren Ausbildung geeignet sind. Dort findet man auch die Originalliteratur zitiert, auf deren Erwähnung in dieser Einführung grundsätzlich verzichtet wurde. Die angeführten deutschsprachigen Bücher sind sämtlich vergriffen und derzeit auch im Antiquariat kaum erhältlich. Sie sind aber in Fachbibliotheken meist vorhanden.

I. Einführungen.

a. Allgemeinverständlich.

Dunn L. C. & Dobzhansky Th.: Heredity, Race and Society. New York, Penguin, 1946.

Goldschmidt R.: Die Lehre von der Vererbung. Sammlung „Verständliche Wissenschaft". Berlin, Springer, 1929.

Günthart A.: Einführung in die Vererbungslehre. Sammlung Dalp. Bern, Francke, 1946.

Kalmus H.: Genetics. Pelican books, 1948.

b. Für biologisch Vorgebildete.

Ford E. B.: The Study of Heredity. Oxford Univ. Press, 1938.

Kappert J.: Vererbungslehre. 98. Bd. der „Soldatenbriefe zur Berufsförderung". 1943.

Kühn A.: Grundriß der Vererbungslehre. Leipzig, Quelle & Meyer, 1939.

Mendel G.: Versuche über Pflanzenhybriden. In „Ostwald's Klassiker der exakten Wissenschaften". Leipzig, Engelmann, 1901.

Sturtevant & Beadle: An Introduction to Genetics. Philadelphia, 1940.

II. Lehr- und Handbücher.

Baur E.: Einführung in die experimentelle Vererbungslehre. Berlin, Borntraeger, mehrere Auflagen. (Berücksichtigt vor allem botanisches Material.)

Goldschmidt R.: Einführung in die Vererbungswissenschaft. Berlin, Springer, mehrere Auflagen. (Berücksichtigt vor allem zoologisches Material. Das beste Lehrbuch, dem auch die vorliegende Einführung z. T. folgt.)

Handbuch der Vererbungswissenschaft. Hrsg. von E. Baur u. M. Hartmann. Berlin, Borntraeger. In zahlreichen Lieferungen, von den führenden Fachleuten bearbeitet.

Snyder L. H.: The Principles of Heredity. 3d ed. Boston, Heath & Cy., 1946. (Das beste amerikanische Lehrbuch.)

III. Variations- und Erblichkeitsstatistik.

Johannsen W.: Elemente der exakten Erblichkeitslehre. 3. Aufl., Jena, 1926.
Mather K.: Statistical Analysis in Biology. London, Methuen, 1943.
— The Measurement of Linkage in Heredity. London, Methuen, 1938.

IV. Cytologie und Vererbungslehre.

Darlington C. D.: Recent Advances in Cytology. 2nd ed. London, Churchill, 1937.
— The Evolution of Genetic Systems. Cambridge Univ. Press, 1946.
White M. J. D.: Animal Cytology and Evolution. Cambridge Univ. Press, 1945.
— The Chromosomes. 2nd ed. London, Methuen, 1942.

V. Strahlengenetik und Mutationsforschung.

Lea D. E.: Actions of Radiations on Living Cells. Cambridge Univ. Press, 1946.
Schrödinger E.: What is Life? Cambridge Univ. Press, 1944. Deutsche Ausgabe: „Was ist Leben?" Bern, Francke, Sammlung Dalp, 1946.
Timoféeff-Ressovsky N. W.: Mutationsforschung in der Vererbungslehre. Dresden, Steinkopff, 1937.

VI. Genetische Entwicklungsphysiologie.

Goldschmidt R.: Physiological Genetics. New York, Mc. Graw Hill, 1938.
— Physiologische Theorie der Vererbung. Berlin, Springer, 1927.
Waddington C. H.: Organisers and Genes. Cambridge Univ. Press, 1947.

VII. Genetik und Abstammungslehre.

Dobzhansky Th.: Genetics and the Origin of Species. 2nd ed. Columbia Univ. Press, 1941. Deutsche Ausgabe: „Die genetischen Grundlagen der Artbildung." Jena, Fischer, 1939.
Fisher R. A.: The genetical Theory of Natural Selection. Oxford, 1930.
Huxley J. S.: Evolution. The modern Synthesis. London, Allen, 1942.

VIII. Humangenetik.

Baur-Fischer-Lenz: Menschliche Erblehre. München, Lehmann, mehrere Auflagen.
Ford E. B.: Genetics for Medical Students. London, Methuen, 1946.
Ruggles Gates R.: Human Genetics. New York, Macmillan, 1946.

MIX
Papier aus verantwortungsvollen Quellen
Paper from responsible sources
FSC® C105338

If you have any concerns about our products,
you can contact us on
ProductSafety@springernature.com

In case Publisher is established outside the EU,
the EU authorized representative is:
**Springer Nature Customer Service Center GmbH
Europaplatz 3, 69115 Heidelberg, Germany**

Printed by Libri Plureos GmbH
in Hamburg, Germany